复杂场景下人体动作识别

刘长红 著

HUMAN ACTION RECOGNITION
IN COMPLEX SCENE

U0314819

高等教育出版社·北京

内容简介

本书在对人体动作识别与行为理解学习研究的基础上，从实际应用角度出发编写而成。全书共7章，重点阐述在现实复杂场景（如人体表观变化、杂乱背景和视角变化等）下的人体动作识别技术和方法。第1章介绍人体动作识别的意义、典型应用和难点问题；第2章主要对人体动作识别研究现状进行介绍；第3章论述在杂乱背景和摄像机移动场景下的时空兴趣点检测方法；第4章介绍基于视频抖动检测算法的混合时空兴趣点检测；第5章介绍基于稀疏编码的时空金字塔匹配的人体动作识别方法；第6章介绍视角无关的人体动作识别方法；第7章介绍复杂场景下鲁棒的人体动作分类方法。

本书主要供图像处理与模式识别、计算机科学与技术、控制科学与工程、信息与通信工程等学科领域的研究人员、研究生以及工程技术人员参考使用。

图书在版编目(CIP)数据

复杂场景下人体动作识别 / 刘长红著. − − 北京：高等教育出版社,2015.1
 ISBN 978 − 7 − 04 − 041164 − 5

Ⅰ.①复⋯ Ⅱ.①刘⋯ Ⅲ.①图象识别 Ⅳ.
①TP391.41

中国版本图书馆 CIP 数据核字(2014)第 226128 号

策划编辑	冯 英	责任编辑	冯 英	封面设计	李卫青	版式设计	于 婕
插图绘制	郝 林	责任校对	张小镝	责任印制	赵义民		

出版发行	高等教育出版社	咨询电话	400 − 810 − 0598
社　　址	北京市西城区德外大街 4 号	网　　址	http://www.hep.edu.cn
邮政编码	100120		http://www.hep.com.cn
印　　刷	北京机工印刷厂	网上订购	http://www.landraco.com
开　　本	787mm × 1092mm　1/16		http://www.landraco.com.cn
印　　张	8.75	版　　次	2015 年 1 月第 1 版
字　　数	130 千字	印　　次	2015 年 1 月第 1 次印刷
购书热线	010 − 58581118	定　　价	27.60 元

前　　言

随着计算机视觉和机器学习等理论研究的发展、计算机硬件性能的不断提高，人体动作识别越来越受到广大研究者的关注，人体动作识别的相关技术在视频标注与检索、智能视频监控、人机交互等领域得到了广泛应用。

目前，网络视频日益增多，行业视频应用也日益普及。但是，由于尺度和表观变化、杂乱的背景、光照变化、视角变化、摄像机的移动、时间变化等因素，造成在复杂现实环境中，识别不受控制的人体动作准确度不高。

本书主要研究复杂场景下的人体动作识别，分别对时空兴趣点检测和表示、码书学习和人体动作描述子进行了深入分析，提出了新的相应算法，并对复杂场景下人体动作分类方法进行了研究。全书共7章，主要内容包括：

1. 针对杂乱背景和摄像机晃动/移动环境下难以准确进行时空兴趣点检测的问题，提出一种基于非线性各向异性扩散的时空兴趣点检测方法。在空间域上，利用Weickert提出的边缘增强非线性各向异性扩散滤波器具有保持和增强边缘信息同时又能平滑掉噪声和图像结构内部的特点来抑制杂乱背景。在时间域上，考虑摄像机晃动/移动所导致的时间关系上的不确定性，采用单向扩散，利用与梯度成正比的抑制函数，来抑制摄像机晃动/移动所导致的影响。从而有效地解决了复杂场景下时空兴趣点检测面临的杂乱背景和摄像机晃动/移动问题。并且利用视频抖动检测算法，提出了一种改进的视频抖动自适应的时空兴趣点检测方法，结合本书基于非线性各向异性扩散的时空兴趣点检测方法和Dollar提出的时空兴趣点检测方法进行时空兴趣点检测，可以对各种场景下的视频自适应地选择最优检测算法。

2. 针对基于K均值聚类（K-means）的码书学习方法中存在的问题，构建更具有判别性的高层动作描述子，提出了一种基于稀疏编码的时空金字塔匹配的人体动作识别方法。利用更具有判别性的稀疏编码算法学习码书，计算每个图像块（cuboid）的最紧致且具有判别力的稀疏表示，有效解决基于K-means的码书学习中冗余和初始化问题，并进一步基于更符合生物视觉系统机制的最大连接池（max poo-ling）时空金字塔匹配学习视频中人体动作的时空关系，计算高层的动作描述子。实验表明，该方法比基于 K-means 的方法可获得更高的识别率，特别是在复杂现实视频的处理中，识别率有较大提高。

3. 针对复杂场景下人体动作的视角变化问题，提出了一种基于线性动态系统的人体动作识别方法。利用局部动态性作为特征，对局部块采用线性动态系统进行建模，将得到的模型参数作为局部表示，从而既考虑人体动作的动态性，又对少量人体表观、部分遮挡、光照变化保持不变。利用时序上的动态性作为局部表示，充分捕捉到人体动作变化的过程，而不是考虑人体表观的各种特征，从而有效地实现了视角无关的动作识别。实验表明，该方法对任意角度、任意运动方向的视频序列都得到较好的识别结果，而且对于交叉视角识别也可获得很好的性能。

4. 提出了一种基于稀疏表示的更具有判别性和鲁棒性的动作分类方法。利用稀疏表示的判别性能力和自适应选择 K 近邻数，解决 K 最近邻（K-NN）分类方法中对近邻数 K 值的敏感性问题，而且提高了分类性能。通过扩展基本的稀疏表示求解方程，包含一个错误项，使得在动作分类的同时还能有效地处理噪声、遮挡、干扰等的影响。

人体动作识别的研究具有重要的科学意义，同时在现实生活中具有广泛的应用前景，目前的研究仍在不断深入中。

本书由江西师范大学博士文库出版资助项目资助出版。在编写过程中得到江西师范大学计算机信息工程学院的大力支持，感谢学院领导、同事在各方面给予的关心和帮助，感谢我的学生。同时，我还要感谢我的家人，是他们的理解与默默支持，使得我能全心写作，顺利完成本书。

由于作者水平有限，书中不妥之处在所难免，恳请读者批评指正。

刘长红

2014年11月

目　　录

第1章 引 言

　　随着计算机视觉和机器学习理论研究的发展,计算机硬件性能的不断提高,如何让计算机能够看见人、认识人、解释及识别人的手势和行为,近年来受到了广大研究者的关注。根据传感器数据来识别和理解人的动作和行为成为"以人为中心的计算"的关键[1]。人体动作识别,即看见人、识别他们在做什么、然后模仿他们的动作或做出进一步的响应[2],是我们日常生活中的基本组成部分。对于人类来说,动作识别是件很容易的事,是最基本的技能,但要提出相应的方法使得计算机具有和人相似的能力却是一项艰难而具有挑战性的问题。人体动作识别的研究内容相当丰富,涉及计算机视觉、图像处理、模式识别、神经网络以及机器学习等多学科领域,所以人体动作识别的研究具有重要的科学意义,能够促进多学科领域的发展,而且在现实生活中具有广泛的应用前景。

1.1 应用背景

1.1.1 视频标注与检索

　　随着多媒体、计算机和网络技术的快速发展以及大容量存储技术的不断提高,网络上出现了大量的图像和视频数据,传统的手工标注方法无法满足人们对图像、视频信息的检索需求。传统的视频标注主要由手工完成,费时费力,而且标注的内容不准确,可能存在二义性和标注不完整现象。因此,为了能够有效地对网络上图像、视频信息进行检索,人们提出了基于内容的视频信息检索。基于内容的视频标注根据视频的内容按照不同的语义概念标注关键字,建立视频索引,进而实现高效视频检索。新闻视频和人体运动视频的标注也是其中的必要部分,然而在新闻视频和人体运动视频的标注中,主要感兴趣的是视频中人的运动特征,通过对视频中的人体运动进行分析获取其运动数据,采用人体动作或行为类别进行描述。在这种情况下,人体动作识别对视频的标注和检索具有极大的帮助。近年来,苏黎世理工学院的计算机视觉实验室开发了基于姿态分析的视频检索系统[3],国内也在这方面开展了很多相关的研究,清华大学开发的 TV-FI(Tsinghua Video Find It)系统,中国科学院计算所研究的"面向体育训练的三维人体运动仿真与视频分析系统"[4]等。

1.1.2 智能视频监控

传统视频监控系统集中应用于消防、交通、公共设施等行业,随着视频处理技术的发展和社会发展的需要,视频监控系统呈现快速发展趋势,智能视频监控系统逐渐扩展到各行各业乃至家庭用户中,成为我们日常生活的一部分。

目前监控摄像机在商业应用中已经普遍存在,但并没有充分发挥其实时主动的监控作用,多数场合尽管装有摄像机,但还是需要专门工作人员监视显示器以便及时发现异常事件,或者往往只是将摄像机拍摄的视频记录下来,当异常情况(如银行 ATM 机上的违法行为)发生之后,人们才通过记录的视频信息来查看当时发生的事实。然而存储设备的容量是有限的,能保存的视频信息也是有限的,不能长时间地保留记录,所以人们迫切需要一个真正系统化、智能化的视频监控系统,能够连续不间断地进行实时监视,并自动实时分析摄像机捕捉到的视频数据,检测、跟踪其中的人体运动,分析、识别其动作和行为,当异常情况或犯罪行为发生时,系统能准确及时地发出警报,从而有效防止此类事件的发生。因此,人体动作和行为识别在智能视频监控中具有重要的作用,有助于发现异常事件(如盗窃、伤人等)、行人检测等,提高视频监控水平。

1.1.3 人机交互

普适计算促进了人机交互系统的普及和发展,从个人计算机到视频游戏机、从智能手机到数字电视无处不在。传统的人机交互是通过计算机键盘和鼠标进行的,而智能人机交互让目前的计算机尽量摆脱键盘、鼠标等传统交互设备的局限,直接通过语言、手势、动作、表情等人们习惯的自然交流方式进行交互,使计算机能像人一样与我们更加自然便捷地交流。在 2003 年,日本索尼公司推出的新产品 EyeToy[5]成功地打破了传统键盘、鼠标的交互方式,展示出基于视觉的人机交互方式的巨大市场潜力。日本另外一家著名游戏厂商任天堂继续延续肢体控制游戏的理念,于 2006 年末推出全新设计的游戏机 Wii[6](图 1-1(a))。Wii 采用运动感应手柄替代传统的机械手柄,避开计算机视觉作为传感器在技术上的不足,使得 Wii 的肢体控制能力明显优于 Eye-Toy,从而提供更丰富的游戏内容。随着人体运动视频分析技术的发展,人机交互方式将发生革命性的变化,使得控制机器的方式更容易为人类接受,交互过程自然友好。微软 2010 年末将推出一款动作识别游戏装置 Project Natal[7](图 1-1(b)),作为 Xbox 游戏机的新控制设备。该设备使用 3D 摄像头与动作识别软件,让用户通过自然的身体运动控制游戏,该款游戏设备的诞生将使得人机交互系统发生突破性的飞跃,完全摆脱了以往机械式控制,达到真正的智能人机交互。因此,要成功进行人机自然而自动地交互,人体动作识别是非常关键的。

(a)Wii游戏　　　　　　　　　(b)Project Natal游戏

图 1-1　新型的人机交互游戏

除了游戏与娱乐方面的应用,在未来社会发展所需的智能家居,老年人看护等应用中,人体动作识别和行为理解都将起着至关重要的作用。

1.2　研究的难点

最近几年,虽然研究者们提出了大量的人体动作识别方法,但随着互联网上不同视频源(如手持设备、个人收集)的视频日益增多以及视频在各行各业应用的普及,人体动作识别面对处理各种复杂环境下的视频课题。然而由于重大的类内变化、杂乱背景和视角变化等因素,使得复杂场景下现实视频中的人体动作识别成为非常具有挑战性的研究课题。

1. 尺度和表观变化

由于摄像机与目标间距离的变化以及人体自身的个体差异,人体图像呈现不同的大小,而且不同着装和风格导致人体外观的巨大变化,使得在利用全局表示进行人体动作识别时,提取的底层特征(如侧影、轮廓等)具有很大的差异,而在局部表示中,衣服的飘动将产生很多干扰的兴趣点,所以大小和外观的变化对人体动作识别产生很大的影响,使得同一动作类中存在很大的变化(如图1-2所示),而不同的动作可能导致相同的观测。因此人体动作模型的设计非常具有挑战性,既要识别出人体动作的本质特性又要考虑对各种变化的不变性。而且随着人体动作种类数的增加,难度越来越大。

2. 杂乱背景

人们的生活环境各种各样,可能是草地、大海、沙漠等景像比较单一的地方,也可能是运动场、马路、森林等比较复杂的环境,甚至是动态的背景环境(如图1-2所示)。背景中的物体可能外观上与人体某些部位相接近,也可能颜色与人体颜色或衣服颜色类似,从而无法很好地将人体与背景区分开来,难以定位图像中的人和观测运动;特别对于全局表示,杂乱的背景将大大影响人体跟踪或背景减除,而在局部表示中,动态的背景将使得检测的兴趣点大部分为噪声或位于背景物体上。

图1-2 表观变化和杂乱背景

3. 光照变化

在各种不同的环境(室内和室外)和天气的光照条件下,视频图像中的颜色和对比度发生很大变化(如图1-3所示),进一步影响了人体的表观,严重情况下,甚至无法辨别人体动作。

4. 视角变化

对于现实环境下的视频,我们无法约束人体关于摄像机的视角和方向,从而导致一个姿态或运动存在无数可能的观测(如图1-3所示),所以现实复杂场景下的人体动作识别,必须解决视角变化的问题。

图1-3 光照变化与视角变化

5. 摄像机移动

摄像机的移动进一步加剧了人体动作识别的难度,无论是在使用局部表示的方法中还是使用全局表示的方法中,同一人体动作都将产生差异很大的特征。摄像机的移动将改变人与摄像机之间的视角和方向,从而得到很大差异的侧影和轮廓,而且摄像机的移动使得在局部兴趣点检测中,背景物体和噪声同样产生很大的局部响应,导致所提取的兴趣点大部分为背景物体和噪声。

6. 时间上的变化

通常人体动作识别的对象是假定已经分割好的视频,但在现实场景下进行人体动作识别时,动作的分割和识别是同时进行的。所以,对连续的人体动作建模也是有待解决的问题。

在复杂现实场景下的人体动作识别中,特别是对于网络视频的标注,所有上述难点都是并存的,而且是不受控制的。所以,如何设计图像表示和建立人体动作模型,保持对以上变化的不变性,使人体动作识别真正满足现实的需求,还有待进一步研究。

1.3 研究内容和结构安排

1.3.1 研究内容及工作进展

本书主要研究复杂场景下的人体动作识别,针对以上存在的难点,采用基于特征袋(BoF)的人体动作识别框架,对基于 BoF 方法中的时空兴趣点检测和表示、码书学习和动作描述子几个关键技术深入展开研究,以提高复杂场景下人体动作识别的性能,期望得到一个更加通用的人体动作识别系统;并针对复杂场景下人体动作分类进一步进行了研究。本书的研究内容主要涉及以下几个方面。

针对杂乱背景和摄像机晃动/移动环境下难以准确进行时空兴趣点检测的问题,提出一种基于非线性各向异性扩散的时空兴趣点检测方法。在空间域上,利用 Weickert 提出的边缘增强的非线性各向异性扩散滤波器具有保持和增强边缘信息同时又能平滑掉噪声和图像结构内部的特点,来抑制杂乱背景。在时间域上考虑摄像机晃动/移动所导致的时间关系上的不确定性,采用单向扩散,利用与梯度成正比的抑制函数,来抑制摄像机晃动/移动所导致的影响。从而更有效地解决复杂场景下时空兴趣点检测面临的杂乱背景和摄像机移动问题。并且利用视频抖动检测算法,提出了一种改进的视频抖动自适应的时空兴趣点检测方法,结合基于非线性各向异性扩散的时空兴趣点检测方法和 Dollar 提出的时空兴趣点检测方法进行时空兴趣点检测,从而可以对各种场景下的视频自适应地选择最优的检测算法。

针对基于 K-means 的码书学习方法中存在的问题和构建更具有判别性的高层动作描述子,提出一种基于稀疏编码的时空金字塔匹配的人体动作识别方法。利用更具有判别性的稀疏编码算法学习码书和计算每个 cuboid 的最紧致且具有判别力的稀疏表示,从而有效地解决基于 K-means 的码书学习中冗余和初始化问题;而且进一步基于 max pooling 的时空金字塔匹配学习视频中人体动作的时空关系,计算高层的动作描述子,避免传统的基于 BoF 的人体动作识别框架未考虑视频中时空关系的问题,并且更符合生物视觉系统机制。

针对复杂场景下人体动作识别中的视角变化问题,提出一种基于线性动态系统的人体动作识别方法。整个识别框架基于局部表示的方法,能够对少量人体表观、部分遮挡、光照变化保持不变,而且对局部 cuboid 采用线性动态系统建模,利用时序上的动态性作为局部表示来解决表观特征对视角变化的敏感性。动态性特征充分捕捉人体动作变化的过程,而不是考虑人体表观的各种特征,从而有效地实现人体动作识别中对视角变化的不变性。

针对目前常用分类方法对噪声、遮挡、干扰很敏感和 K-NN 分类方法受近邻数 K 值影响的问题,得到更具有判别性而且鲁棒的人体动作分类,提出一种基于稀疏表示的人体动作分类方法。稀疏表示方法能自适应地在每类或多类中选择最好表示测试样本的最少训练样本,得到最紧致且具有判别性的表示,避免 K-NN 方法中对参数 K 值的敏感性而且提高了分类性能。通过扩展基本的稀疏表示求解方程,包含一个错误项,能够有效处理噪声、遮挡、干扰等导致的影响。

1.3.2 结构安排

第 1 章首先介绍本书研究的背景及意义,阐述视频人体动作识别的典型应用以及复杂场景下人体动作识别所存在的难点,然后简要描述本书的主要内容和结构安排。

第 2 章对人体动作的图像表示和动作建模与分类进行讨论,介绍近几年来国内外在人体动作识别方面研究现状,并给出了目前人体动作识别方法中存在的问题,指明研究的方向。

第 3 章介绍本书提出的杂乱背景和摄像机移动场景下的时空兴趣点检测方法。首先介绍和分析目前人体动作识别中时空兴趣点检测存在的问题,然后阐述非线性各向异性扩散模型并对其进行分析。在此基础上详细阐述本书提出的基于非线性各向异性扩散的时空兴趣点检测方法,并给出有杂乱背景和摄像机移动场景下的现实视频中时空兴趣点检测的实验结果和分析。

第 4 章介绍基于视频抖动检测算法的混合时空兴趣点检测。首先介绍视频抖动检测算法;然后阐述基于视频抖动检测算法的混合时空兴趣点检测;最后在公开数据集上进行实验和分析,在静态视频和抖动视频上验证提出的混合算法,并与 Dollar 提出的兴趣点检测方法和基于非线性各向异性扩散的时空兴趣点检测方法进行对比分析。

第 5 章介绍基于稀疏编码的时空金字塔匹配的人体动作识别方法。首先介绍传统基于 K-means 的人体动作识别框架中存在的问题,然后对稀疏编码算法做简单的介绍;接着阐述基于 BoF 的人体动作识别框架和基于稀疏编码的时空金字塔匹配的人体动作识别算法;最后在公开数据库上给出了实验结果,并对这两种方法进行对比分析。

第 6 章介绍本书提出的视角无关的人体动作识别方法。首先分析人体动作识别中目前局部图像特征表示在视角变化场景下存在的问题,提出基于线性动态系统的局部描述子;然后介绍线性动态系统的模型参数估计方法和距离度量方法,在此基础上详细介绍基于线性动态系统的人体动作识别方法;最后在多视角数据集上对视角无关的人体动作识别方法进行验证,给出实验结果和对比分析。

第 7 章介绍复杂场景下鲁棒的人体动作分类方法。首先分析目前常用分类方法在复杂场景下人体动作分类中存在的问题;然后详细阐述基于稀疏表示的人体动作分类方法,介绍人体动作的稀疏表示、基于最小化 l_1 范数的稀疏表示求解方法和分类方法,并且进一步论述在噪声、遮挡、干扰等情况下的人体动作分类;最后在鲁棒性测试数据集进行验证和分析。

第2章 人体动作识别的相关综述

人体动作识别是人体运动分析中的重要组成部分,与人体运动分析的其他步骤紧密相关。近年来已有多位研究者对基于视频的人体运动分析和识别进行了回顾和综述。Gavrila 从二维方法、三维方法和识别回顾了人体运动分析的各种方法[8]。Aggarwal 和 Cai 从人体结构分析、单一视角或多摄像机下人的运动跟踪及图像序列中人的行为识别三个方面对较早前的研究工作做了回顾[9]。王亮等人从运动检测、运动目标分类、人的跟踪、行为理解与描述几个方面详细介绍了 2000 年以前的研究状况和各种处理方法,并对研究难点及未来的发展趋势作了较为详细的分析[10]。Moeslund 等从系统功能角度将基于视觉的人体运动分析分为几个不同的阶段:初始化(initialization)、跟踪(tracking)、姿态估计(pose estimation)、识别(recognition),然后从这几方面来分别详述了近期的研究进展、各种具体技术和方法,并对进一步有待解决的问题进行了讨论[11,12]。杜友田等从人运动的类别、运动表示方法和运动识别方法三个方面分析了近些年来国内外的研究工作及最新进展,并对当前亟须解决的问题做了详细的分析[13]。最近,Poppe 对近几年的视频人体动作识别的进展和方法作了详细的概述[14]。

由于运动识别可执行在各个层次,根据 Moeslund 的分类方法[12],将运动分为:动作基元(action primitive)、动作(action)和行为(activity)。动作基元指肢体层的原子运动,动作包含动作基元和描述了一个可能周期的整体运动,行为则包含许多连续的动作,给出了一个所做运动的完整解释,比如"伸腿"是一个运动基元,而"跑"是一个动作,"跨栏"则是一个行为,包含了开始、跳和跑的动作。根据这个划分原则,本书主要研究人体动作识别,不考虑环境上下文、人之间或对象之间的交互。

人体动作识别可认为是由图像表示、人体动作建模和分类两个部分组成[2,14]。图像表示就是从图像或视频中提取有意义的特征,而人体动作建模和分类则是对图像特征的统计特性和分布进行建模和分类。根据图像表示中是否使用了人体模型,分为基于模型的表示和无模型的表示,而无模型的表示进一步分为全局表示和局部表示。根据建模和分类过程是否考虑时间上的动态性,将人体动作分类方法分为直接分类方法和状态空间模型方法,而状态空间模型方法主要包括隐马尔可夫模型(hidden Markov models,HMMs)、条件随机场(conditional random fields,CRF)、线性动态系统(linear dynamic systems,LDSs)等,如图 2-1 所示。下面分别在第 2.1 节和第 2.2 节对人体动作识别中的图像表示方法、动作建模和分类方法做概述。

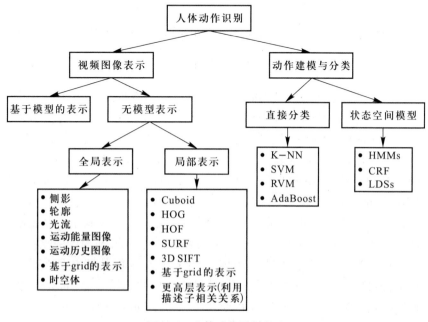

图 2-1　人体动作识别方法

2.1　视频图像表示

　　由于基于模型的表示主要用于人体姿态估计,所以不作阐述,仅对无模型表示的全局表示方法和局部表示方法进行描述。

　　全局表示采用自顶向下的方法,将图像观测序列作为一个整体进行编码。首先使用背景减除或跟踪的方法对图像中的人进行定位,提取人所在的位置;然后将感兴趣的人体区域作为一个整体进行编码,得到人体图像特征表示。这种表示具有充分的编码信息,但是需要依赖人体定位、背景减除或跟踪,对人体表观变化、杂乱背景、视角变化、噪声和遮挡非常敏感,所以只有在对这些因素得到很好控制的环境下(如静态背景),全局表示可获得很好的性能。

　　局部表示采用自底向上的处理方式,将图像观测序列表示为一系列无关的图像块。首先检测时空兴趣点和提取这些兴趣点的局部块，然后将这些局部块的统计特性作为最后的图像序列表示。局部表示对少量的人体表观变化、视角变化、噪声和部分遮挡不敏感，而且不用背景减除和跟踪，但是依赖大量相关兴趣点的提取，并且受摄像机移动影响很大。

2.1.1 全局表示

全局表示就是将人的感兴趣区域(region of interest，ROI)作为整体进行编码，ROI 通常通过背景减除或跟踪获得。主要的全局表示特征有侧影、轮廓和光流。

由于侧影包含了大量的信息，有助于时空体重构，所以经常作为全局表示的特征。Bobick 和 Davis 从单一视角提取侧影，然后将人体动作序列中的运动图像首先经差分运算并二值化；而后这些包含运动区域的二值化运动图像随着时间累加成运动能量图像(motion energy image，MEI)；最后 MEI 增强为运动历史图像(motion history image，MHI)，MHI 中每个像素的值与该位置的持续运动时间成比例，其中 MEI 反映了运动所覆盖的范围及其强度，而 MHI 在一定程度上反映了运动在时间上的变化；每个行为由不同视角下图像序列的 MEI 和 MHI 所组成，从中可以提取出基于矩的行为特征用于识别阶段的模板匹配[15]。Wang 对侧影进行 R 变换，得到平移、尺度不变的表示[16]。Souvenir 和 Babbs 对图像序列的侧影提取 R 变换曲面(R transform surface)作为视频图像表示，实现视角不变的人体动作识别[17]。黄飞跃等人基于人体轮廓信息提出"包容形状"的表示[18]。Wang 等人使用侧影和轮廓描述子，计算所有帧上的亮度均值形成平均侧影，同样，根据所有帧的轮廓形成平均轮廓[19]。杨跃东等将视频中的局部兴趣点特征和全局形状描述有机结合，形成加权字典向量的描述[20]。

侧影虽然包含了大量的信息，对颜色、纹理和对比度变化不敏感，但是不能处理遮挡的情况，非常依赖背景分割的效果，因此很少将以上的方法应用于非控制下的现实场景，因为在现实环境下很难进行准确的背景分割。

除了侧影外，也可使用运动信息(如光流、帧间差分)作为感兴趣区域的特征。Efros 等人提取每帧图像中人所在的边界框，对人边界框内的图像计算光流，然后将光流分成水平和垂直分量，再将水平和垂直分量分为两部分，进行平滑处理，最后形成正反方向 4 个子分量作为每帧图像的表示[21]，如图 2-2 所示。Ali 和 Shah 根据光流得到许多运动特征,包括散度(divergence)、旋度(vorticity)、对称度(symmetry)和梯度张量特征,然后再应用主成分分析(principal component analysis, PCA)提取主要的运动模型[22]。

图 2-2　光流特征

基于光流的方法不用进行背景减除,但完全依赖光流的计算,然而光流对噪声、颜色和纹理变化非常敏感,特别是动态背景和摄像机移动对运动描述子影响很大,引入很多噪声。为了克服这些问题,提出了基于网格(grid)的方法,将视频图像从空间上分成子格(cells),然后对每个子格进行局部编码。

基于 grid 的表示类似局部表示,但使用了 ROI 的全局表示。Kellokumpu 等利用时空维上的局部二值模式(local binary patterns from three orthogonal planes,LBP-TOP)作为视频表示[23]。Thurau 等人对前景区域进行非负矩阵因式分解(non-negative matrix factorization,NMF),使用有向梯度直方图作为描述子[24]。Ragheb 等人首先提取每帧侧影,然后对每个时空位置上的二值侧影通过傅里叶变换到频域响应,对空间 grid 中的每个子格计算平均频域响应[25]。Tran 则结合基于 grid 的侧影和光流特征,首先计算每帧人所在的矩形框的侧影和光流,光流特征分为水平和垂直两个方向向量,然后将矩形框分为 2×2 的子窗口,每个子窗口分为 18 个 bins,分别计算侧影和光流直方图,连接侧影和光流特征形成 216 维的帧描述子,再利用前后共 15 帧的描述子堆栈和 PCA 降维得到 286 维的运动描述子[26]。Ikizler 等则将光流与有向直线直方图相结合[27]。

另一种方法就是将图像序列的多个图像特征进行堆栈,形成一个 3D 的时空体(space-time volume,STV),然后将所得到的时空体用于人体动作识别。Weinland 等人结合多个视角的侧影形成 3D 体模型(3D voxel model),这种表示包含了大量的信息,但要求准确的摄像机定标;他们使用扩展的 MHI(如图 2-3(a)所示)作为图像表示,用 Fourier 变换对体特征对齐,进行视角不变的匹配[28]。Blank 等人将给定的序列的侧影进行堆栈形成 STV(如图 2-3(b)所示),然后使用 Poisson 方程的解推导局部时空突出特征和方向特征,而后对给定时间范围内的局部特征计算加权矩,得到全局表示[29]。为了处理对时间间隔变化的影响,有些研究者对 STV 表面进行采样,提取局部描述子。Batra 等人将侧影堆栈成 STV,然后在 STV 上采用小的 3D 时空块[30]。Yilmaz 和 Shah 则对 STV 表面进行微分,提取时空域上的最大和最小值,将这些局部描述子集作为动作剪影(action sketch)[31]。但该方法对 STV 表面噪声很敏感,Yan 等人对该方法进行扩展,从多个视角重构 3D 样例,然后对每个视角,根据 STV 计算 action sketch 和投影到 3D 样例上,这种 action sketch 描述子编码了形状和运动信息,能够匹配任意视角的观测[32]。Jiang 和 Martin 则使用 3D 形状流来处理杂乱背景的情况[33]。Ke 等人构建光流特征的 STV,然后使用矩形特征的 3D 变体采样水平和垂直向量[34];为了避免背景减除,在文献[35]中将形状和光流的 STV 分割成 3D 小块,然后利用 STV 体中各小块与人体动作模板的相关关系进行分类。

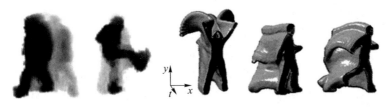

(a)运动历史图像   (b)时空体

图 2-3   时空体特征

从以上的分析可知,全局表示以侧影、轮廓或光流作为特征,这些特征能提取到丰富和完整的人体信息,时空体更是能捕捉到整个的运动轮廓。但是侧影和轮廓特征非常依赖背景减除或跟踪的结果,很容易受到杂乱背景、视角变化的影响,同样光流信息也很容易受到噪声、光照、杂乱背景、视角变化的影响,因此不管是使用基于 grid 的表示还是时空体的表示,全局表示仍然受底层特征侧影和光流局限性的影响,只能在受控环境下(如静态背景)才能得到很好的性能。对于在非控制下现实场景中的人体动作,很难提取出准确的人体特征,提取的特征很多受到噪声、遮挡、其他一些干扰的影响,大大影响最后的识别性能,因此如何获得鲁棒的特征或分类方法将是解决该问题的关键,这是目前很多应用亟待解决的问题。

2.1.2　局部表示

局部表示将图像观测序列表示为局部描述子或局部块集,局部块的统计特性作为最后的人体动作特征表示(即人体动作描述子)。局部块通过密集采样或时空兴趣点提取,兴趣点对应感兴趣运动的位置,局部描述子描述了图像中的小窗口(2D)或视频中的局部块(3D)。由于描述子向量的高维性和数量的不一致,局部描述子一般不直接进行比较,因此通常采用特征袋(bag-of-features,BoF)的方法来计算局部块的统计特性作为人体动作描述子。BoF的方法通过对局部块聚类学习码书(codebook),选择聚类中心作为码字(codewords),以码字的分布作为最后的人体动作描述子。由于传统的BoF方法没有考虑人体动作的时空关系,为了考虑局部描述子之间的时空关系,提出了基于grid的表示,最近研究者们利用局部描述子的相关关系进一步选择和构建更高层的描述子。因此下面分别对时空兴趣点检测、局部描述子、基于grid的表示、局部描述子之间的相关关系几个方面进行详述。

1. 时空兴趣点检测(space-time interest point detectors)

时空兴趣点是指视频中在时间和空间上运动发生突然变化的位置,一般对应人体发生运动的肢体部分,对人体动作识别时这些位置包含了最多信息。目前已提出了多种时空兴趣点检测方法:Harris 3D 检测子[36]、Cuboid 检测子[37]、Hessian 检测子[38]、基于突性的检测子[39]和密集采样(dense sampling)[40]等。

Harris 3D 检测子[36]是 Laptev 提出的,扩展了空间 Harris 角点检测子,通过与高斯核卷积构建一个尺度空间表示

$$L(.\,;\sigma^2,\tau^2) = g(.\,;\sigma^2,\tau^2) * f(.) \tag{2-1}$$

其中,$f(.)$表示视频图像,$g(.\,;\sigma^2,\tau^2)$为

$$g(x,y,t;\sigma^2,\tau^2) = \frac{1}{\sqrt{(2\pi)^3\sigma^4\tau^2}} * \exp(-(x^2+y^2)/2\sigma^2-t^2/2\tau^2) \tag{2-2}$$

利用$L(.\,;\sigma^2,\tau^2)$的时空梯度计算每个点的时空二阶矩阵

$$\boldsymbol{\mu} = g(.\,;s\sigma^2,s\tau^2) * \begin{pmatrix} L_x^2 & L_xL_y & L_xL_t \\ L_xL_y & L_y^2 & L_yL_t \\ L_xL_t & L_yL_t & L_t^2 \end{pmatrix} \tag{2-3}$$

其中

$$\begin{aligned} L_x &= \partial x(g*f) \\ L_y &= \partial y(g*f) \\ L_t &= \partial t(g*f) \end{aligned} \tag{2-4}$$

时空兴趣点为时空邻域中有重大变化的点,通过以下 H 的局部极大值给定,时空上的邻域尺度分别自动选择

$$H = \det(\boldsymbol{u}) - k \cdot \text{tr}^3(\boldsymbol{u}) \qquad (2-5)$$

该方法获得的时空兴趣点为包含空间角的区域和速度变化的方向,大致对应运动的起点和终点,如图 2-4 所示,因此检测到的兴趣点非常稀疏。

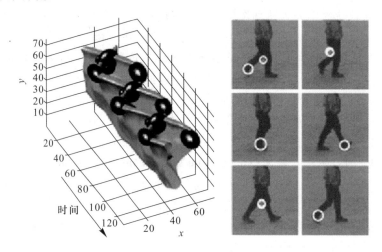

图 2-4　Laptev 检测到的时空兴趣点

为了得到更加密集的兴趣点,Dollar 提出了 Cuboid 检测子[37],分别对时间和空间维采用线性滤波器,在空域上使用 2D Gaussian 滤波器和时域上使用 1D 的 Gabor 滤波器,检测到的兴趣点对应局部响应最大的位置,其响应函数(response function)为

$$R = (I * g * h_{ev})^2 + (I * g * h_{od})^2 \qquad (2-6)$$

其中,$g(x, y; \sigma)$ 为 2D Gaussian 平滑核,h_{ev} 和 h_{od} 为 Gabor 滤波器,定义为

$$h_{ev}(t; \tau, \omega) = -\cos(2\pi t\omega)\, e^{-t^2/\tau^2}$$
$$h_{od}(t; \tau, \omega) = -\sin(2\pi t\omega)\, e^{-t^2/\tau^2} \qquad (2-7)$$

参数 τ 和 σ 分别对应时域和空域上尺度因子,在一定域值范围内通过非极大值抑制(non-maximal suppression)处理后,响应函数局部极大值处的点为兴趣点。该时空兴趣点检测方法获得比 Harris 3D 检测子更多的兴趣点,但是在平移运动上检测到的兴趣点还是非常少,因为基于角点的时空兴趣点检测方法获得兴趣点大致对应运动突然改变方向的点。

Hessian 检测子[38] 由 Willems 提出,是图像斑点(blob)检测中 Hessian 突性测量的时空扩展形式,与 Harris 3D 检测子一样,首先与高

斯核卷积构建一个尺度空间表示

$$L(\,.\;;\sigma^2,\tau^2\,)=g(\,.\;;\sigma^2,\tau^2\,)*f(\,.\,) \tag{2-8}$$

然后利用 3D Hessian 矩阵的行列式计算每个时空点的突性(saliency)

$$\boldsymbol{H}(\,.\;;\sigma^2,\tau^2\,)=\begin{pmatrix}L_{xx}&L_{xy}&L_{xt}\\L_{yx}&L_{yy}&L_{yt}\\L_{tx}&L_{ty}&L_{tt}\end{pmatrix} \tag{2-9}$$

突性测量为

$$S=\left|\det(\boldsymbol{H})\right| \tag{2-10}$$

Oikonomopoulos 扩展了 Kadir 和 Brady 的基于信息论的突性特征检测子[39],在各种尺度上估计各个像素上邻域内的熵,尺度之间熵变换的局部极值位置为兴趣点。该方法首先在时间域上将图像序列 $I_0(x,y,t)$ 与一阶高斯核滤波器 G_t 进行卷积

$$I(x,y,t)=G_t*I_0(x,y,t) \tag{2-11}$$

然后计算每个时空点 $v=(x,y,t)$ 的时空邻域 $N_{cl}(s,v)$ 内的信息熵 $H_D(s,v)$ 为

$$H_D(s,v)=-\int_{q\in D}p_D(s,v)\,\log_2 p_D(s,v)\,\mathrm{d}q \tag{2-12}$$

其中,$p_D(s,v)$ 为信号直方图的概率密度,q 表示信号值,D 表示所有值的集合,$s=(r,d)$,r 表示空间半径,d 表示时间深度。突性的度量定义为

$$y_D(s,v)=H_D(s,v)w_D(s,v) \tag{2-13}$$

$$w_D(s,v)=r\int_{q\in D}\left|\frac{\partial}{\partial r}p_D(s,v)\right|\mathrm{d}q+d\int_{q\in D}\left|\frac{\partial}{\partial d}p_D(s,v)\right|\mathrm{d}q,\;\forall\,(r,d)\in\hat{S}_p \tag{2-14}$$

其中,$\hat{S}_p$ 为候选尺度,通过式(2-12)自动选择

$$\hat{S}_p=\left\{s:\frac{\partial H_D(s,v)}{\partial r}=0\wedge\frac{\partial H_D(s,v)}{\partial d}=0\wedge\frac{\partial^2 H_D(s,v)}{\partial r^2}=0\wedge\frac{\partial^2 H_D(s,v)}{\partial d^2}=0\right\} \tag{2-15}$$

$H_D(s,v)$ 测量了信息内容的变化,$w_D(s,v)$ 测量了尺度 s 上的局部极大值的突性度。该方法比 Laptev 和 Dollar 的时空兴趣点检测方法获得更多的兴趣点,兴趣点为人体动作变化的峰值位置,不但包含运动开始和停止位置,也包含了移动目标的边。类似地,Rapantzikos 等人也利用突性进行时空兴趣点检测[41],结合亮度、颜色和运动特征,通过求解

数据项和约束项的能量最小化问题计算突性,包括三个约束:相同特征和相同尺度间的相似性(proximity)、相同特征不同尺度间的相似性(scale)和不同特征之间的相似性,该方法提取的时空兴趣点不仅位于时空角周围,而且也位于更平滑的有突出特征的周围。

Wang 等采用密集采样提取视频块,根据时空尺度有规则地提取局部时空块[40]。识别率却超过了 Laptev[36]、Dollar[37]、Willems[38]等人的兴趣点检测方法。

以上的方法虽然能检测到人体运动部位的兴趣点,但也包含了很多的背景噪声点。Wong 和 Cipolla 则采用了与以上不同的方法,受动态纹理的启发,提出了一种基于全局信息的兴趣点检测方法[42]。不是对整个视频检测兴趣点,而是首先采用动态纹理的方法对图像序列 $\{y(t)\}_{T=1}^{\tau}$ 建模,然后使用非负矩阵因式分解(non-negative matrix factorisation,NNMF)的方法检测相关运动的子空间,这些子空间对应人体的运动部位,如挥手,得到的子空间则为手部位;在获得子空间 C 和系数 X 后,对这些子空间图像 C 和稀疏系数 X 分别进行高斯微分(differenc of Gaussian,DoG)得到空间和时间上的兴趣点,结合空间和时间上的兴趣点得到时空兴趣点,然后再应用下式移除不相关的兴趣点

$$R = - \sum_{l \in L} p(l) \log p(l) \qquad (2\text{-}16)$$

式(2-16)中 l 表示所有可能的灰度值,$p(l)$ 给定了兴趣点区域内的灰度值 l 的概率。最后对所有兴趣点 R 值排序,提取 R 值更大的那些点作为最后的时空兴趣点。在该方法中,能检测到少量的运动变化大的兴趣点,但在该方法中,视频的子空间需要通过矩阵因式分解来求解,计算速度很慢,所以提高其运算速度是一个很重要的问题,而且需要首先提取人所在的区域,在杂乱背景的现实视频中难以准确地提取,因此该方法不太适合复杂场景下人体动作的时空兴趣点检测。Bregonzio 等人采用类似的方法计算空间兴趣点,首先计算帧间差得到突出区域,然后对这些区域中使用 Gabor 滤波器检测突点[43]。

给定时空兴趣点后,那么下面就是从时间和空间维上提取兴趣点周围的图像块(或称局部块,cuboid),局部块的时空尺寸由兴趣点的尺度确定,图2-5 显示了 Harris 3D 检测方法检测到的一些兴趣点和对应的局部块。

从以上的分析可以看出,现有的时空兴趣点检测方法都是检测运动变化的开始、停止的位置或运动变化突出的位置,基本上都是评价在背景相对简洁和几乎静态的情况下,而没有考虑摄像机晃动/移动所导

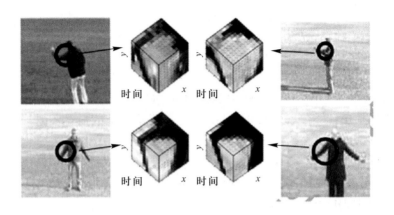

图 2-5 兴趣点检测以及提取的局部块

致的背景物体运动所带来的影响。然而在复杂现实场景下的人体动作视频中,背景物体的运动是普遍存在的,因此,为了提高现实场景下人体动作识别的性能,对杂乱背景和摄像机移动下的时空兴趣点检测是亟须研究的难题。

2. 局部描述子

局部描述子(Local descriptors)就是对局部块的一种表示,使其对背景、表观、甚至旋转和尺度等保持不变。最简单的就是直接使用像素灰度值或图像梯度、光流特征作为局部描述子[37]。Schüldt 采用时空归一化微分作为局部描述子[44];Niebles 也采用了同样的方法,但进行了平滑,然后采用 PCA 降维。但这些描述子并没有考虑对表观、旋转和尺度等的不变性[45]。

为了使得局部块对空间和时间上的细微变化保持不变,研究者们同样提出了基于 grid 的局部描述子,将 3D 局部块分成若干个子格(cells),用子格的局部直方图来作为局部描述子。

Laptev 提出梯度直方图(histograms of gradient ,HOG)和光流直方图(Histograms of Optic Flow,HOF)描述子[46],计算兴趣点局部时空邻域内的空间梯度和光流直方图,用于捕捉局部运动和表观特征。描述子的大小定义为

$$\Delta_x(\sigma) = \Delta_y(\sigma) = 18\sigma, \Delta_t(\sigma) = 8\tau$$

其中,τ 和 σ 分别为兴趣点检测的时空尺度,每个 3D 局部块被分成 $n_x \times n_y \times n_t$ 的网格,对每个子格计算 4-bin 的梯度直方图和 5-bin 的光流直方图,然后将归一化的直方图连接成 HOG 和 HOF。

Kläser 等人提出扩展的 HOG 描述子 3D HOG[47]。该方法首先对

3D 局部块计算 3D 梯度,然后利用有规则的多面体量化时空梯度方向,因此该方法结合形状和运动信息。每个 3D 局部块被分成 $n_x \times n_y \times n_t$ 的网格,连接每个子格的梯度直方图和归一化,得到最后的 3D HOG 描述子。

Willems 等人扩展了 SURF(speeded up robust features)特征来描述 3D 局部块,提出了 3D SURF 描述子[38]。类似以上的描述子,将 3D 局部块分成 $n_x \times n_y \times n_t$ 的子格,每个子格采用 x、y、t 轴上 Haar 小波的响应和 $v = (\sum d_x, \sum d_y, \sum d_t)$ 表示。

另外,Scovanner 扩展了 SIFT(scale invariant feature transform)描述子,提出 3D SIFT 描述子[48]。

这些描述子基本上只考虑了表观特征或运动信息,而人体动作识别中,动态性是人体动作的本质特性,所以利用人体动作的动态性作为特征描述将是值得研究的问题。

3. 基于 grid 的表示

由于描述子向量的高维性和数量的不一致,局部描述子一般不直接进行比较,因此通常采用特征袋(BoF)的方法来计算直方图表示,通过对局部块聚类码书,选择聚类中心或最近的块作为码字(codewords),以码字的分布作为人体动作描述子[45]。然而传统的基于单词袋的方法没有考虑视觉单词之间的空间关系,使得一些有用的空间结构信息丢失,Lazebnik 扩展了基于 BoF 的模型,提出了空间金字塔匹配模型[49]。Choi 等人为了考虑视频中的时间信息和空间结构,提出了时空金字塔匹配模型(spatio-temporal Pyramid matching, STPM)[50]。Laptev 将视频的有向光流直方图和有向梯度直方图分成多种不同的时空网格,总共形成 24 个时空网格;对每个时空子格计算这些直方图的分布,然后使用多通道卡方核的非线性 SVM 进行分类[46]。

4. 局部描述子之间的相关关系

为了进一步选择或重构更高层的视频人体动作描述子,提高人体动作描述子的判别性,最近研究者们提出利用局部描述子的相关关系(correlations between local descriptors)进一步提取更有判别性的视频人体动作描述子。

Scovanner 构建单词共现矩阵(co-occurrence matrix),迭代合并具有相似共生的单词,直到所有单词之间的差异大于某个阈值,从而得到一个约简的码书,使得相似的人体动作产生更相似的码字分布[48]。Liu 将时空特征与 spin 图像(STV)相结合,构建人体动作视频与特征的 Laplacian 矩阵,然后将矩阵分解为特征向量,投影到低维空间[51]。Kim

利用典型相关分析衡量视频之间的相关性,然后使用 AdaBoost 方法选择判别性特征[52],该方法能处理仿射变化。

以上的方法没有考虑时空信息,为了考虑局部描述子之间时空关系,Savarese 采用相关性来描述时空邻域内码字的共现[53]。Sun 计算每帧中每个兴趣点的 SIFT 描述子,然后使用马尔可夫链表示这些特征的轨迹[54]。Messing 则使用 KLT 跟踪器提取轨迹,使用轨迹速度的 log-polar 直方图来描述轨迹[55]。Oikonomopoulos 利用突响应的相关区域作为 STV 边界,然后使用 B 样条拟合[56]。这些方法都假定背景是静态的和背景目标运动产生的轨迹不属于人。

为了解决该局限性,Niebles 和 Fei-Fei 把图像帧建模为混合星型模型,每个模型对码字的空间分布建模[57]。Niebles 使用产生式模型——概率隐变量语义分析(probabilistic latent semantic analysis,pLSA)学习人体动作类标到码字分布的映射[45]。Wong 扩展 pLSA 的方法,增加了人中心的位置[58]。基于 pLSA 的方法都要求确定人体动作类标数,因而 Wang 采用监督的方法,提出半隐变量 Dirichlet 分布(semi-latent Dirichlet allocation,S-LDA)模型[59],随后在文献[60]中提出了最大边缘隐条件随机场(hidden conditional random fields,HCRF)学习判别式码字。

还有一些方法则采用多种特征融合的方法,对提取的大量特征挖掘更具有判别性的表示。Mikolajczyk 和 Uemura 对每帧图像提取局部形状和运动特征,对于每个特征,人体中心的相对位置和方向都保存并标注类标,这些特征被聚类和表示成词汇树(vocabulary trees),然后匹配观测帧的所有特征,在人体位置、方向和人体动作类标上进行投票[61]。Gilbert 通过查找时空角和确定帧中所有其他角的相对空间分布,从而得到大量的特征,然后使用数据挖掘的方法进一步选择有用的特征组合[62]。Liu 对多种静态和动态特征的共生图采用 PageRank 算法选择更具有判别性的特征[63]。

局部表示不需要背景减除和跟踪,利用时空兴趣点检测获得人体运动变化的位置,通过对兴趣点周围局部块的描述,利用局部块的统计特性或分布作为视频人体动作描述子,能够对少量的人体表观、光照和视角变化以及部分遮挡保持不变,而且还可利用时空金字塔匹配或学习局部描述子之间的相关关系来考虑视频中的时间信息和空间结构,进一步选择或重构更高层的视频人体动作描述子,提高人体动作描述子的判别性。所以,相比于全局表示,该方法更适合复杂现实场景下的人体动作表示,这也是本书的主要研究方法。

2.2　人体动作建模与分类

得到每个视频序列或帧的图像表示后,人体动作识别就成为分类问题,给出每帧或每个序列的人体动作类标或分布。根据建模和分类过程是否考虑时间上的动态性,将人体动作分类方法分为直接分类和状态空间模型方法,状态空间模型方法主要包括 HMMs、CRF、LDSs 等。由于图像表示的维数非常高,通常需要对其进行降维处理,所以在第2.2.1 节对维数约简方法做简要的概述。

2.2.1　维数约简

在许多情况下,图像表示的维数非常高,从而使得匹配计算代价很高,而且表示中还含有噪声特征,因而需要一种更紧致的特征表示,所以一般在分类前通过维数约简的方法得到图像的低维表示。

PCA 是常用的线性降维方法,实现简单且计算容易,可以发现处于高维空间的线性子空间上的数据集的真实几何结构,然而通常图像表示的高维和低维之间的映射是非线性的,所以大多数研究者们使用非线性的降维方法,如局部线性嵌入(locally linear embedding,LLE)[64]、ISOMAP[65]、拉普拉斯特征映射(Laplace eigenmap)[66] 等。

以上所描述的降维方法都是非监督的,不能保证很好的类间判别性。Poppe 提出了一种学习类间判别性变换[67]。Jia 在时空上使用判别性嵌入,提出了局部时空判别嵌入(local spatio-temporal discriminant embedding,LSTDE)[68],将相同类的侧影映射到流形上更接近的位置,并对流形子空间上的时间关系进行建模。

2.2.2　直接分类

直接分类方法主要用于不太考虑时间域上演变的情况,将观测序列的所有帧作为一个表示或分别对每帧进行人体动作识别,通常使用的分类器为:最近邻分类器(nearest neighbor,NN)、支持向量机(support vector machines,SVM)、AdaBoost 等。

1. 最近邻分类器

最近邻分类器(NN)分类方法一般将观测序列直接与带类标的序列/每帧/人体动作模板进行比较。在大数据集中,计算代价比较大,所以一般对每类提取相应的人体动作模板,识别时只与人体动作模板进行比较。在 NN 方法中,对时空变化、视角变化和表观变化的处理能力主要依赖训练集、图像表示和距离度量。

NN 中的距离度量一般采用欧几里得距离,但欧几里得距离对于一些特征并不是最合适的度量方法。Bobick 将图像序列转化成运动能量图像(MEI)和运动历史图像(MHI),利用各种阶的 Hu 矩作为特征,采用马氏距离(Mahalanobis distance)来度量模板之间的相似性[15]。该方法计算量小,但是鲁棒性不够好,尤其对时间间隔的变化比较敏感。由于同一模式的运动的持续时间可能不一样,所以对于整个序列的分类,需要解决不同帧长的问题。为了解决该问题,可在整个序列上采用多数投票(majority voting)的方法或采用动态时间规整(dynamic time warping,DTW)的方法。DTW 是一种很好的非线性时间规整方法,它的目的是将待识别运动模板的时间轴非线性地映射到训练模板的时间轴上,使得二者距离最小。动态时间规整的方法较好地解决了人体运动在时间尺度上的不确定性。Yao 提出动态时空规整(dynamic space-time warping)的方法[69],除了时间维,图像序列在位置和尺度上也进行了对齐。

为了学习更有判别性的距离度量,Tran 采用最大边缘最近邻(large margin nearest neighbors,LMNN)分类器[26],LMNN 通过学习样本之间的马氏距离矩阵,最大化异类样本距离和最小化同类样本距离,获得了很好的人体动作识别性能。Poppe 通过学习判别式距离度量进行最近邻分类[67]。

还有一些研究者将 NN 分类器与维数约简相结合,在嵌入空间采用最近邻进行分类,Wang 利用嵌入空间最小帧间距离的均值进行分类[70]。Turaga 主要关注参数和非参数流形密度函数,提出了 Grassmann 和 Stiefel 流形嵌入空间中的距离函数[71]。

2. 判别式分类器

判别式分类器(discriminative classifiers)主要有 SVM、RVM、AdaBoost 等。SVM 通过学习特征空间的超平面对多类进行分离,广泛应用于基于 BoF 的识别方法中对直方图表示的分类[37]。相关向量机(relevance vector machines,RVM)可认为是 SVM 概率形式的变体,RVM 通常能得到更稀疏的支持向量,被 Oikonomopoulos 用于人体动作识别[39]。

AdaBoost 分类器通过一系列的弱分类器形成最后的强分类器,被应用于特征选择或分类。Liu 提取多种静态和运动特征,然后采用 AdaBoost 有效地结合这些特征用于复杂场景下的人体动作识别[63]。

2.2.3 状态空间模型方法

状态空间模型方法是将每个静态姿势或运动状态作为图中的一个节点或状态,对应于各个姿势或运动状态节点之间的依存关系通过某种概率来描述,这样任何运动序列可以看做在图中不同节点或状态之间的一次遍历过程。HMMs 及其改进模型是人体运动识别中应用最广泛的模型。采用概率网络的方法充分考虑了人运动的动态过程,并且将时间尺度和空间尺度上运动的微小变化采用概率的方法进行建模,所以该方法对于运动序列在时间和空间尺度上的小的变化具有很好的鲁棒性。

1. 隐马尔可夫模型

隐马尔可夫模型(HMMs)使用隐状态表示人体动作的各个状态,对状态转移和观测概率建模。其隐含了两个独立性假设:运动当前状态的取值只依赖于前一时刻的状态,且与时序上的观测是无关的。基于 HMMs 的识别方法通常是先提取出表示运动的特征向量序列,通过学习算法训练 HMMs 的参数,然后根据训练好的模型对未知的运动序列进行分类。

HMMs 已经被广泛使用,Yamato 对基于 grid 的侧影特征聚类形成码书,然后采用 HMMs 识别各种不同的网球人体动作,HMMs 的训练采用 Baum-Welch 算法,Viterbi 算法用于确定给定序列的观测概率。如果对每个人体动作使用一个隐马尔可夫模型,人体动作识别则成为查找能产生最高概率观测序列的人体动作 HMMs[72]。

为了减少训练代价,Feng 使用静态 HMMs[73],每个状态对应关键姿态。Weinland 选取具有判别性的 3D 样例,利用 HMMs 对视角和观测进行建模,用于视角无关的人体动作识别[74]。Lv 采用金字塔匹配核(pyramid match kernel)算法快速比较两个人体轮廓的相似性,并用关键姿态和视角构建人体动作网,用于单目视频识别[75]。类似的,杨对关键姿态和运动基元构建人体动作图,通过 Naïve Bayes 训练人体动作图模型,采用 Viterbi 算法计算视频与人体动作图的匹配度,用于单/多目视角无关的人体动作识别[20]。Ahmad 为了处理多视角问题,采用多维 HMMs 对不同的观测进行建模[76]。Lu 使用混合的 HMMs 对形状运动模板、人体位置、速度和尺度进行建模[77]。Sun 对多层时空内容建模,采用 HMMs 对基于 SIFT 的轨迹建模,时空内容信息被编码到 HMMs 转移矩阵中,将平稳分布(stationary distribution)作为最后的内容描述子,得到轨迹转移描述子和轨迹间近似描述子,应用于人体动作识别[54]。另一些研究者则采用 HMMs 对人体的各个肢体建模,从而使得训练更简单。Ikizler 使用 3D 轨迹特征,对脚和手臂分别使用 HMMs 建模,对于每个肢体,将具有相同发射概率的人体动作模型状态连接起来[78]。Lv 也使用 3D 关节点位置作为特征,利用所有 3D 关节点位置的子集构建很多人体动作 HMMs,作为弱分类器,然后使用 AdaBoost 形成最后强分类器[79]。

由于 HMMs 只能为单一的动态过程进行建模,针对较为复杂的行为识别,提出了很多 HMM 的其他改进模型。Brand 提出了耦合隐马尔可夫模型(coupled hidden Markov model,CHMM)[80],能够对两个或多个有相互关系的动态过程进行建模,并且将多个动态过程的特征空间分解开来,大大减少了状态的个数,降低了算法的计算复杂度。Nguyen 采用分层隐马尔可夫模型(hierarchical hidden Markov models,HHMMs)对长时间的人体运动轨迹建模[81],HHMMs 具有多层的隐马尔可夫模型的结构,能够更为清楚地表达出人的运动中不同层次的行为细节。Duong 除了考虑行为的层次结构外,还将运动状态的典型持续时间融合到模型中去,提出了 S-HSMM(switching hidden-semi Markov model)[82],实验结果表明在对复杂的运动进行识别时 S-HSMM 性能要比 HHMM 好,但是该算法复杂度较高。

2. 条件随机场

HMMs 的独立性假设假定时序上的观测是无关的,这种情况通常不符合实际情况。为了克服 HMMs 的缺点,提出了判别式模型,对人体动作类标的条件分布进行建模,而不是学习每个人体动作类模型。这些模型考虑不同时间尺度上的多个观测,区分不同的人体动作类,因而适用于易发生混淆的相关人体动作分类;但判别式模型要求大量的训练序列来确定所有的参数。典型的判别式模型就是条件随机场(conditional random fields,CRF)。

Sminchisescu 提出使用 CRF 和最大熵马尔可夫模型(maximum entropy Markov models,MEMM)识别单目视频中的人体运动[83],对 CRF、HMMs 和 MEMM 进行了比较,实验表明当考虑更多的历史观测(使用更大的窗口)时,CRF 超过了 MEMM 和 HMMs。

Wang 采用核主成分分析(kernel principal component analysis,KPCA)提取侧影中的特征和利用 FCRF(factorial conditional random field,FCRF)对人体动作建模[84],FCRF 采用多种交互方式对时间序列建模,松弛了观测之间的独立性假设,有效地结合了重叠特征和长时间的依赖关系。

Zhang 使用修正的隐 CFR(modified hidden conditional random field, mHCRF)进行分类[85],对每个人体动作类学习一个 HMMs,隐状态数通过基于最小描述长度的高斯混合模型自动确定,然后对每个训练序列计算 Viterbi 路径,以确保学到的 HCRF 参数是全局最优的。

Natarajan 使用两层模型,顶层对视角建模,底层使用 CRF 对具体视角的姿态进行建模,每帧的观测概率采用基于尺度豪斯多夫(Hausdroff)距离的形状相似性进行计算,而转移概率则基于光流的相似性进行计算[86]。Shi 使用 SMM(semi-Markov model)对长人体动作序列建模,用于人体动作分割和识别[87]。

3. 线性动态系统

线性动态系统(linear dynamical systems,LDSs)是 HMMs 的另一种形式,只是其中的状态空间不是有限的符号集。LDSs 最简单的形式就是一阶时不变的高斯-马尔可夫过程(Gauss-Markov process),可认为是扩展的 HMMs。随着 LDSs 模型参数估计方法[88-90]和 LDSs 空间上距离度量方法[91]的进展,使得 LDSs 成为高维时序数据的学习和识别的流行方法。LDSs 已被应用于步态识别[92,93]、纹理建模和识别[90,94,95]、人体动作识别[96,71]。

Bissacco 利用线性动态系统对运动捕捉数据的关节角轨迹和关节点轨迹进行建模[92],在文献[93]中提出混合动态模型对人体运动建模,并用于步态识别。他们主要利用关节轨迹对运动捕捉数据进行步态或姿态识别。

Doretto 首次成功地应用线性 LDSs 对动态纹理进行建模,并提出了一种参数估计的方法[90];Woolfe 提出了平移不变的动态纹理识别[94],使用谱系数之间的距离和切尔诺夫(Chernoff)距离作为 LDSs 之间的度量;Ravichandran 提出基于动态系统包的视角不变的动态纹理识别[95],采用 LDSs 模型参数作为局部描述子,获得了很好的性能参数。

在人体动作识别领域,Chaudhry 使用有向光流直方图作为每帧的特征,然后采用 LDSs 对有向光流直方图序列建模,提出了扩展的 Binet-Cauchy Kernels 的子空间度量方法[96]。Turaga 利用 LDSs 对人体动作序列建模,通过对测量矩阵的变换,得到视角不变、仿射不变、执行率不变的模型参数,从而得到视角不变、仿射不变、执行率不变的聚类[71]。

2.3　方法的特点

根据以上对已有技术的分析可知,全局表示的方法依赖准确地定位、背景减除或人体跟踪,对尺度变化、表观变化、视角变化、杂乱背景非常敏感。即便是基于光流的方法不用进行背景减除,完全依赖光流的计算,而光流对噪声、颜色和纹理变化非常敏感,特别是动态背景和摄像机移动对运动描述子影响很大,引入很多噪声。因此该表示方法更适合可控制环境下的人体动作识别,在固定场景下的室内监控中广泛使用,对于复杂的网络视频标注和检索以及室外场景下的智能视频监控则尚未得到很好的解决方案。

局部表示不需要背景减除,而且能对少量人体表观、视角变化和部分遮挡保持不变,相比于全局表示,该方法更适合复杂现实场景下的人体动作表示。由于局部描述子向量的高维性和数量的不一致,一般不直接进行比较,通常采用基于 BoF 的识别模型,通过对局部块聚类码书,以码字的分布作为人体动作描述子,主要包括时空兴趣点检测、局部描述子、码书构建、更高层的人体动作描述子和人体动作分类几个关键步骤,每个步骤都将影响最后的识别性能。

目前,虽然已经提出了很多人体动作识别算法,然而由于重大的类内变化、杂乱背景和视角变化等因素使得复杂场景下现实视频中的人体动作识别仍未得到很好的解决,已有的很多算法都是针对控制环境下的视频或者只解决了第 1.2 节中一部分难点。而在复杂现实场景下的人体动作识别中,所有这些难点都是并存的,而且是不受控制的。所以本书集中研究复杂场景下人体动作识别中存在的问题,采用基于 BoF 的人体动作识别方法,对基于 BoF 识别模型中的时空兴趣点检测和局部描述子、码书构建和更高层的人体动作描述子进一步深入地展开研究,提出相应新的算法;并对目前常用的全局表示方法在复杂场景下的应用进行研究,提出一种鲁棒的人体动作分类方法。

与以上介绍的各种方法相比较,本书中的人体动作识别方法的特点主要在于:

① 集中研究复杂场景下的人体动作识别,针对不受控制的各种环境下的人体动作视频,所研究的问题面临更大的难点和挑战,但也使得本研究具有重大的意义和广泛的应用前景,能够适用于网络上复杂视频标注和检索、室内外环境下的智能视频监控以及人体交互,促进智能

视频分析的进一步发展。

② 时空兴趣点检测方法主要针对杂乱背景和摄像机晃动/移动环境下的人体动作视频,这种环境下难以提取准确的时空兴趣点。通过利用 Weickert 提出的边缘增强的非线性各向异性扩散滤波器具有保持和增强边缘信息同时又能平滑掉噪声和图像结构内部的特点,能够有效处理现实场景下杂乱背景的干扰,并保持了人体轮廓。而且利用与梯度成正比的抑制函数对摄像机晃动/移动所导致的时间关系上的不确定性进行建模,能够更有效地处理摄像机晃动/移动所导致的影响。

③ 码书学习方法采用稀疏编码的方法,基于稀疏编码方法的码书学习过程中,每个 cuboid 由最紧致的几个视觉单词表示,而不像现有的人体动作识别方法中采用的 K-means 聚类方法,每个 cuboid 仅仅由一个最接近的视觉单词来表示。因此,本书中的码书学习方法更能准确地捕捉到每个 cuboid 特征的信息,产生的码书更具有判别性,同时还解决了 K-means 聚类方法中的初始化问题。

④ 采用 max pooling 的时空金字塔匹配学习视频中人体动作的时空关系,计算高层的人体动作描述子,避免了传统的基于 BoF 的人体动作识别框架未考虑视频中的时空关系问题,且更符合生物视觉系统机制。

⑤ 在 BoF 人体动作识别框架下解决了人体动作识别中的视角变化问题。利用线性动态系统对局部块建模,将时序上的动态性作为局部表示来解决表观特征对视角变化的敏感性。动态性特征充分捕捉了人体动作变化的过程,而不是考虑人体表观的各种特征,从而有效地实现了人体动作识别中对视角变化的不变性。

⑥ 利用稀疏表示进行人体动作分类,稀疏表示方法能自适应地在每类或多类中选择最好表示测试样本的最少训练样本,得到最紧致且具有判别性的表示,避免了 K-NN 方法中对参数 K 值的敏感性而且提高了分类性能。通过扩展基本的稀疏表示求解方程,包含一个错误项,从而使得全局表示方法能够更有效地应用于复杂场景下的人体动作识别,避免受噪声、遮挡、干扰等因素的影响。

2.4 本章小结

本章从人体动作的图像表示和动作建模与分类两大方面回顾了近几年国内外的研究现状,对视频图像的全局表示方法和局部表示方法进行了详细的分析和比较,指出了局部表示更适合于复杂场景下的人体动作描述,并对现有的局部表示方法做了详细的分析,指出了现有方法中存在的问题。然后阐明了本书的研究对象以及研究方法的特点。

从本章综述我们看出,近十多年来研究者们在视频人体动作分析方面取得了很多成果,在视频分析、智能监控和人机交互等领域也得到一定的应用,但大部分成果和应用还是针对可控制环境下的视频。因此,真正适用于网络上各种视频源的视频标注和检索以及非控制环境下的智能视频分析等领域的应用,还有待进一步研究。

第3章 杂乱背景和摄像机移动下的
时空兴趣点检测方法

3.1 引言

在复杂场景下的人体动作识别中,存在人体表观的变化、遮挡、杂乱背景、光照变化以及摄像机晃动/移动这些因素的影响,使得全局表示方法难以准确地提取出侧影或光流信息,侧影和光流特征受这些因素影响很大,因此本书采用局部表示的方法来进行复杂场景下的人体动作识别。局部表示的方法不需要背景减除,而且能对少量的人体表观、光照和视角变化以及部分遮挡保持不变。局部表示方法通常采用基于 BoF 的识别框架,基于 BoF 的人体动作识别模型一般包括:时空兴趣点检测和表示、矢量量化、直方图计算和分类几个步骤,而时空兴趣点检测在该识别模型中起着首要的作用,时空兴趣点检测的性能直接影响到后面一系列的处理过程,如果兴趣点检测错误,那么后面的方法再好都将无法得到很好的识别性能,也就是局部表示中后面其他的一系列处理过程都依赖检测到的兴趣点的鲁棒性和可靠性。根据时空兴趣点提取到的特征编码了视频中的形状和运动信息,是视频中内容的一种紧致表示。在过去的十多年,研究者们提出了很多 2D 空间和 3D 时空兴趣点检测方法以及描述方法[36-40],典型的时空兴趣点检测方法有:Laptev 提出的 Harris 3D 检测方法[36]、Dollar 提出的 Cuboid 检测方法[37]、Oikonomopoulos 提出的基于 Saliency 的检测方法[39] 和 Willems 提出的 Hessian 检测方法[38]。

Laptev 提出的 Harris 3D 检测方法[36]是 Harris 角点检测子 3D 的扩展形式,分别对时空维上使用高斯平滑函数和时空梯度计算每个点的时空二阶矩阵 $u(.;\sigma,\tau) = g(,;s\sigma,s\tau) * (\nabla L(.;\sigma, \tau) \cdot (\nabla L(.;\sigma,\tau)^{\mathrm{T}})$,时空兴趣点为时空邻域中有重大变化的点,通过 $H = \det(u) - k\mathrm{tr}^3(u)$ 的局部极大值给定。该方法的时空兴趣点为包含空间角的区域和速度变化的方向,因此检测到的兴趣点非常稀疏,大致对应运动的起点和终点。该方法的缺点是:兴趣点非常稀疏,对匀速运动的人体动作变化检测不到;容易受噪声、杂乱背景和摄像机晃动/移动的影响,即便是非常微小的摄像机晃动都将检测到很多的背景点。

Dollar 提出的 Cuboid 检测方法[37]指明了一定领域内人体动作表示的时空角的弱点,分别在时间和空间维上采用线性滤波器,在空域上使用 2D Gaussian 滤波器和时域上使用 1D 的 Gabor 滤波器,然后这些滤波器被组合产生最后的响应,兴趣点对应局部响应最大的位置。该兴趣点检测方法提供了更密集的兴趣点,在人体动作识别得到广泛应用。但该方法在平移运动(translational motions)上检测到的兴趣点仍然非常少,很容易误检测到噪声;对于复杂场景下的人体动作,检测的兴趣点很多位于背景上,而不是人体动作上;对慢移动物体、微量摄像机运动无效;特别对于大些幅度的摄像机晃动和移动,几乎检测不到人体动作,检测到的兴趣点全是背景物体,这些结果可能是由于时间域上的 1D Gabor 滤波器对噪声和前景纹理很敏感。如图 3-1 所示,由于骑马运动中摄像机移动比较快,目标和背景同时都发生运动,而且是户外,背景非常杂乱,因而检测到的兴趣点基本上为背景点。

图 3-1　Dollar 兴趣点检测方法在骑马(riding_01)动作中的检测结果

Oikonomopoulos 提出的基于 Saliency 的检测方法[39]扩展了 Kadir-Brady 的基于互信息的 Saliency 检测用于 3D 的时空兴趣点检测,在各种尺度上估计各个像素上邻域内的熵,尺度之间熵变换的局部极值位置为兴趣点。这种兴趣点检测方法没有考虑摄像机晃动/移动所导致的时间关系上的不确定性,得到不准确的熵率,从而检测到背景中很多错误的兴趣点。

　　Willems 提出的 Hessian 检测方法[38]是图像 blob 检测中 Hessian 突性测量的时空扩展形式,利用 3D Hessian 矩阵的行列式测量突性(saliency)来确定兴趣点的位置和尺度。然而该方法同样对动态复杂的场景很敏感,容易受到背景物体移动的影响,特别是摄像机的晃动和移动,导致兴趣点大量为背景中的点。

　　从以上的分析可知,现有流行的时空兴趣点检测方法都存在以下的问题:只能对相对简单背景下的人体动作进行检测,对复杂动态场景下的人体动作难以检测到,容易受到噪声、杂乱背景中的物体和摄像机晃动/移动所带来的影响,然而现实场景的视频都存在这些因素的影响,因此需要寻求新的解决方法来解决这些问题。

　　最近 Shabani 等人提出了一种非线性滤波器的方法来提取时空序列中鲁棒的时空特征[97]。该方法采用了非线性各向异性扩散滤波器(nonlinear anisotropic diffusion filtering)来进行现实视频中时空兴趣点检测,结合了两个自适应的非线性平滑函数对低梯度区域强平滑而高梯度区域弱平滑,即边停止函数和突运动停止函数。空间域上的扩散过程是多向(multi-lateral)的,采用了 Perona-Malik 各向异性扩散及其停止函数[98],时间域上扩散是单向(unilateral)的,考虑了摄像机晃动/移动导致的不确定性,而这种不确定性仅仅与最直接的前一帧有关,与后面的帧是不相关的,因此仅仅考虑受前一帧的影响。任何帧上的非线性时空平滑过程由空间邻域上的平滑和时间邻域上的外部作用来控制,平滑过程为

$$\frac{\partial I(x,y,t_i,s)}{\partial s} = \mathrm{div}(g_{sp}(|\nabla I_{sp}|) \cdot \nabla I) + g_{tp}(|\nabla I_{tp}|) \cdot \nabla I \quad (3-1)$$

$$g_{sp}(|\nabla I_{sp}|) = 1/(1+(|\nabla I_{sp}|/\lambda_{sp})^2) \quad (3-2)$$

$$g_{tp}(|\nabla I_{tp}|) = 1/(1+(|\nabla I_{tp}|/\lambda_{tp})^2) \quad (3-3)$$

$I(x,y,t_i,s)$ 表示第 t_i 视频帧 $I(x,y,t_i)$ 平滑后的图像,div 表示扩散算子,∇ 表示梯度算子,λ_{sp}、λ_{tp} 分别控制空间和时间梯度的重要性,∇I_{sp} 和 ∇I_{tp} 分别表示空间上的梯度和时间上的梯度,g_{sp} 表示空间上边停止函数,g_{tp} 表示时间上的突运动停止函数,非线性时间上的停止函数 g_{tp} 在扩散过程中结合了上一步的估计结果。

　　然后对平滑后的当前帧与稳定状态下的前一帧进行差分,将差分后的结果进行非极大值抑制,兴趣点为响应最大的位置。

　　该方法很好地解决了以上存在的一些问题,能够抑制一些噪声、杂乱背景所带来的干扰,而且对摄像机的晃动和移动所导致的时间关系

上的不确定性进行建模。但是该方法在空间域上采用了 Perona-Malik 各向异性扩散及其停止函数,在目标的边缘还是会产生一些模糊和错位,而且只对微小的摄像机晃动和移动的场景有效,对于像"骑车"、"骑马"、"户外行走"等背景非常杂乱和摄像机晃动/移动比较大的情况下效果仍然不好。如图 3-2 所示,检测的兴趣点仅有少量在人体上或马的各部位上,相比 Dollar 兴趣点检测方法好一些。

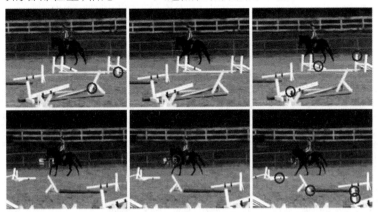

图 3-2 Shabani 兴趣点检测方法在骑马(riding_01)动作中的检测结果

针对杂乱背景和摄像机移动场景下的时空兴趣点检测问题,本书提出了一种新的时空兴趣点检测方法,与 Shabani 方法一样,采用了非线性各向异性扩散滤波器,对空间域上的扩散过程是多向(multi-lateral)的,采用各向异性扩散及其停止函数,时间域上扩散是单向(unilateral)的,建模摄像机晃动/移动导致的不确定性。但在空间域上采用 Weickert 提出的边缘增强的非线性各向异性扩散滤波器,而时间上采用与梯度成正比的抑制函数,来抑制摄像机晃动/移动所导致的影响。

3.2 非线性各向异性扩散滤波器及分析

在图像处理和图像分析领域,图像平滑是一个重要环节,它极大地影响着后继处理的结果。高斯平滑函数已经被广泛应用于图像和视频处理中,图像的多尺度表示通过尺度空间滤波器来实现,各尺度的图像表示可通过原图像与高斯核进行卷积来获得,高斯方差 σ_s 的值越大则对应越粗的图像分辨率。

$$I(x,y,s) = (G_{\sigma_s} * I_0)(x,y)$$

$$G_{\sigma_s}(x,y) = \frac{1}{2\pi\sigma_s^2} e^{-\frac{x^2+y^2}{2\sigma_s^2}} \tag{3-4}$$

其中,$I_0(x,y)$表示原图像,$I(x,y,s)$表示平滑后的图像。Hummel指出高斯尺度表示可认为是基于下面扩散/热传导方程的解[99]

$$\frac{\partial I}{\partial s} = \text{div}(g \cdot \nabla I)$$

$$I(x,y,0) = I_0(x,y) \tag{3-5}$$

其中,g 为常量扩散系数,s 为尺度变量,该扩散模型就是线性扩散滤波器。但线性扩散滤波器不仅平滑掉噪声,也模糊了图像的边缘特征,如图3-3所示,而且在从细尺度到粗尺度的过程中使得边缘错位,从而难以进行检测和定位。为了使得从细尺度到粗尺度的扩散过程中不会产生伪造的细节和保持局部图像的边缘信息,Perona-Malik 提出了非线性扩散滤波器。

动作原图像

高斯平滑后的图像

Perona-Malik扩散平滑后的图像

Weickert非线性各向异性扩散
平滑后的图像

图3-3　人体动作跑步(running)分别采用高斯滤波器、Perona-Malik 扩散
滤波器和 Weickert 的非线性各向异性扩散滤波器平滑后的结果

3.2.1 Perona－Malik扩散模型

1987 年 Perona-Malik 首次提出了一种非线性扩散方法——各向异性扩散图像平滑方法[98]，它通过求解非线性偏微分方程来实现，解决了线性扩散滤波器的图像边缘模糊和错位的问题。由于非线性图像平滑方法在保持图像边缘和去除噪声方面表现出的良好性质，从此各向异性扩散图像处理方法引起了人们极大的兴趣。该方法采用了非均匀的扩散过程，减小跨图像边缘的扩散系数，Perona-Malik 非线性扩散滤波器基于以下方程

$$\frac{\partial I}{\partial t} = \text{div}(g(|\nabla I|^2)\nabla I)$$

$$I(x,y,0) = I_0(x,y)$$

$$(3-6)$$

其中，$I_0(x,y)$ 表示原图像，$I(x,y,t)$ 表示随时间演变平滑后的图像，t 是扩散时间，其扩散系数函数为

$$g(|\nabla I|^2) = \frac{1}{1+\dfrac{|\nabla I|^2}{\lambda^2}} \quad (\lambda>0)$$

或

$$(3-7)$$

$$g(|\nabla I|^2) = \exp\left(-\frac{|\nabla I|^2}{\lambda^2}\right)$$

其中，div 表示扩散算子，∇ 表示梯度算子，扩散系数函数 g 是一个递减函数，其值位于 0 和 1 之间，图像中某像素上的梯度值越大（如边缘），则扩散系数值越小，进行弱平滑；梯度值越小（如噪声、弱纹理区域），则扩散系数越大，进行强平滑；因此扩散函数 g 也称为边停止（edge-stopping）函数。λ 是对比参数，用来分离低对比扩散区域和高对比扩散区域，如图 3-4 所示。

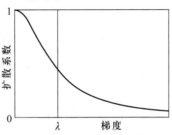

图 3-4　Perona-Malik 的扩散系数

Perona-Malik 扩散可以在平滑噪声的同时保留图像边缘信息，但

无法滤除边缘强度较大的椒盐噪声,而且会模糊图像的弱边缘,如图 3-3所示。

3.2.2 非线性各向异性扩散滤波

结构张量(structure tensor)是图像分析的有力工具,能检测边、角、线等图像局部结构,常用来估计图像结构方向场和分析图像局部几何结构,已成功地应用到图像结构方向场计算、特征检测、图像去噪等领域。结构张量的定义为

$$\boldsymbol{J}_\rho(\boldsymbol{\nabla}\boldsymbol{I}_\sigma) = G_\rho * (\boldsymbol{\nabla}\boldsymbol{I}_\sigma \otimes \boldsymbol{\nabla}\boldsymbol{I}_\sigma) = \begin{pmatrix} J_{11} & J_{12} \\ J_{12} & J_{22} \end{pmatrix} \tag{3-8}$$

其中,$\boldsymbol{\nabla}$表示梯度算子,$*$表示卷积运算,$\otimes$表示张量积运算,$\boldsymbol{I}_\sigma$ 为高斯滤波后的图像,σ 是高斯滤波器 G_σ 的方差,用来减少噪声对求导运算的影响,ρ 是高斯滤波器 G_ρ 的方差,张量积 $\boldsymbol{\nabla}\boldsymbol{I}_\sigma \otimes \boldsymbol{\nabla}\boldsymbol{I}_\sigma$ 与高斯滤波器 G_ρ 的卷积主要用来增强对线、角、断裂边缘等几何结构的刻画能力。

结构张量 $\boldsymbol{J}_\rho$ 是对称的半正定阵,其两个正交的特征向量 $\boldsymbol{V}_1$ 和 $\boldsymbol{V}_2$ 分别为

$$\boldsymbol{V}_1 \parallel \begin{pmatrix} 2J_{12} \\ J_{22}-J_{11}+\sqrt{(J_{11}-J_{22})^2+4J_{12}^2} \end{pmatrix} \tag{3-9}$$

$$\boldsymbol{V}_2 = \boldsymbol{V}_1^\perp$$

对应的特征值 U_1 和 U_2 为

$$U_1 = \frac{1}{2}(J_{11}+J_{22}+\sqrt{(J_{11}-J_{22})^2+4J_{12}^2})$$
$$U_2 = \frac{1}{2}(J_{11}+J_{22}-\sqrt{(J_{11}-J_{22})^2+4J_{12}^2}) \tag{3-10}$$

其中,特征向量 $\boldsymbol{V}_1$ 为几何结构的最大对比度方向,对应几何结构的垂直方向;特征向量 $\boldsymbol{V}_2$ 为几何结构的最小对比度方向,对应几何结构的方向。特征值 $U_1 \geq U_2 \geq 0$ 刻画了图像的局部几何结构,当 $U_1 = U_2 = 0$ 表示常量平滑区域,当 $U_1 >> U_2 = 0$ 表示直边区域,当 $U_1 \geq U_2 >> 0$ 表示角区域。

为了使扩散过程适用于结构张量,Weickert 提出了基于以下方程的非线性各向异性的扩散滤波器[100]

$$\frac{\partial I}{\partial t} = \text{div}(\boldsymbol{D} \cdot \boldsymbol{\nabla} I)$$
$$I(x,y,0) = I_0(x,y) \tag{3-11}$$

和 Perona-Malik 扩散模型中一样,$I_0(x,y)$ 表示原图像,$I(x,y,t)$ 表示随时间演变平滑后的图像,t 是扩散时间。D 为扩散张量,是一个正定的对称矩阵,是结构张量的函数,使用和结构张量 J_ρ 中一样的特征向量 V_1 和 V_2,平滑的方向沿着图像的局部结构,平滑强度由 D 中的特征值 λ_1 和 λ_2 给定,其表示为

$$D = \begin{bmatrix} V_1 & V_2 \end{bmatrix} \begin{bmatrix} \lambda_1 & 0 \\ 0 & \lambda_2 \end{bmatrix} \begin{bmatrix} V_1 & V_2 \end{bmatrix}^{\mathrm{T}} \tag{3-12}$$

$\lambda_1 \geq \lambda_2 \geq 0$,$\lambda_1$ 和 λ_2 的值位于 0 和 1 之间,可通过设置 λ_1 和 λ_2 合适的值来控制对图像中几何结构的平滑强度。当 $\lambda_1 = 1$ 表示在特征向量 V_1 方向进行强平滑,$\lambda_1 = 0$ 则在特征向量 V_1 方向没有平滑,同样,$\lambda_2 = 1$ 则表示在特征向量 V_2 方向进行强平滑,$\lambda_2 = 0$ 表示在特征向量 V_2 方向没有平滑。

对于边缘增强,则 $\{U_i\}_{i=1}^2$ 中越小的值对应 $\{\lambda_i\}_{i=1}^2$ 中的值应该取越大的值,而 $\{U_i\}_{i=1}^2$ 中越大的值对应 $\{\lambda_i\}_{i=1}^2$ 中的值应该取越小的值,因为 $\{U_i\}_{i=1}^2$ 中越小的值,对应越平滑的方向(图像边缘方向),那么应该在该方向进行强平滑,所以对应的 λ_i 应该越大,而 $\{U_i\}_{i=1}^2$ 中越大的值,对应图像边缘的法线方向,所以对应的 λ_i 应该越小,保持边缘。因此,对于边缘增强,为了对图像局部区域内进行平滑而边缘禁止扩散,Weickert 设置 $\{\lambda_i\}_{i=1}^2$ 的值为

$$\lambda_1 = g(|\nabla I|^2)$$
$$\lambda_2 = 1 \tag{3-13}$$

其中

$$g(s) = \begin{cases} 1 & (s \leq 0) \\ 1 - \exp\left(\dfrac{-C_m}{(s/\lambda)^m}\right) & (s > 0) \end{cases} \tag{3-14}$$

其中,C_m 是一个常量。基于 Weickert 非线性各向异性扩散的图像平滑后的结果见图 3-3 所示,该方法能够平滑掉一些噪声和弱纹理区域,而且能够很好地保持图像结构边缘。

3.3 杂乱背景和摄像机移动下的时空兴趣点检测

针对复杂场景下的人体动作识别,根据第 3.1 节的分析可知,现有

的时空兴趣点检测方法大多不能适用复杂的动态场景下的兴趣点检测,特别是摄像机晃动/移动幅度比较大的情况下。虽然最近 Shabani 提出的方法[97]考虑了摄像机晃动/移动所带来的时间关系上的不确定性,对摄像机移动进行了较好的建模,但是在杂乱背景和摄像机移动较大的情况得到的结果还是不够理想。Shabani 的方法在空间域上采用了 Perona-Malik 扩散模型[98],Perona-Malik 扩散还是会模糊一些弱边缘,而时间域上他们采用了和边停止函数类似的突运动停止函数,见式(3-2)和式(3-3)。而式(3-3)上的性质是对时间域上变化强度大的地方(也就是运动变化大的地方)进行弱平滑,而变化强度小的地方(即弱运动)进行强平滑,因此能够很好地对小幅度的摄像机晃动/移动建模,平滑掉细微的摄像机晃动/移动所带来的影响。但是对于摄像机晃动/移动幅度比较大的情况则不行,因为摄像机晃动/移动幅度比较大的时候导致了背景中的物体强运动,在时间域运动变化也很大,因此导致了很多兴趣点在背景物体上。

针对已有的时空兴趣点检测方法的弱点,特别是杂乱背景和摄像机晃动/移动幅度比较大情况下的时空兴趣点检测,提出如下的时空兴趣点检测方法。

3.3.1 基于非线性各向异性扩散滤波的时空兴趣点检测算法

受 Shabani 兴趣点检测方法[97]启发,时空兴趣点检测方法也包括两部分的平滑:空间域上的平滑和时间域上的平滑。空间域上的平滑是多向(multi-lateral)的,采用了各向异性扩散及其停止函数。而时间域上的平滑主要是考虑摄像机晃动/移动所导致的时间关系上的不确定性,因此当前帧仅仅受前一帧的影响,而与后面的帧和间接前面的帧是无关的,扩散是单向(unilateral)的,因此时间上的平滑仅考虑和直接的前一帧有关。所以,对空间域上的平滑采用 Weickert 提出的边缘增强的非线性各向异性扩散滤波器[100],既保持和增强了边缘信息,同时又平滑掉噪声和图像结构内部;而对时间域上摄像机所带来的背景移动,采用了一个抑制函数,与 Shabani 方法[97]中的时间域上的平滑函数相反,研究所采用的抑制函数与时间域上的梯度成正比,也就是梯度越大,平滑强度越强,梯度越小,平滑强度越弱。因为人体的区域一般都比较大,时间域上的平滑仅仅会导致人体边界区域的一些扩散,而对于比较小的区域(如线状物体)的运动变化则能得到比较好的平滑,减弱了它的运动变化强度。

兴趣点检测方法基于以下非线性各向异性的滤波方程

$$\frac{\partial I(x,y,t_i,s)}{\partial s} = \mathrm{div}(\boldsymbol{D} \cdot \nabla I_{sp}) + g_{tp}(|\nabla I_{tp}|) \cdot \nabla I_{tp} \tag{3-15}$$

$$I(x,y,t_i,0) = I(x,y,t_i)$$

其中，$I(x,y,t_i,s)$ 表示第 t_i 帧在尺度 s（相当于扩散时间）上平滑后的图像，$I(x,y,t_i)$ 表示第 t_i 帧的原图像，div 表示扩散算子，∇ 表示梯度算子，∇I_{sp} 和 ∇I_{tp} 分别表示空间上的梯度和时间上的梯度。

g_{tp} 表示时间上的抑制函数，与时间域上的梯度成正比，抑制摄像机晃动/移动所带来的背景移动的影响

$$g_{tp}(|\nabla I_{tp}|) = 1/(1+(\lambda_{tp}/|\nabla I_{tp}|)^2) \tag{3-16}$$

λ_{tp} 控制时间梯度对平滑的程度。

$\boldsymbol{D}$ 为空间域上的扩散张量，是结构张量 $\boldsymbol{J}_\rho$ 的函数，由于采用了 Weickert 提出的边缘增强的非线性各向异性扩散[100]，因此扩散张量 $\boldsymbol{D}$ 为

$$\boldsymbol{D} = [\boldsymbol{V}_1\ \boldsymbol{V}_2] \begin{bmatrix} \lambda_1 & 0 \\ 0 & \lambda_2 \end{bmatrix} [\boldsymbol{V}_1\ \boldsymbol{V}_2]^{\mathrm{T}} = \begin{bmatrix} D_{11} & D_{12} \\ D_{12} & D_{22} \end{bmatrix} \tag{3-17}$$

其中

$$\lambda_1 = g_{sp}(|\nabla I_{sp}|^2)$$
$$\lambda_2 = 1 \tag{3-18}$$

$$g_{sp}(|\nabla I_{sp}|^2) = 1/(1+(|\nabla I_{sp}|/\lambda_{sp})^2) \tag{3-19}$$

λ_{sp} 控制空间域上的梯度对平滑的程度。$\boldsymbol{V}_1$ 和 $\boldsymbol{V}_2$ 为结构张量 $\boldsymbol{J}_\rho$ 的两个正交向量，见式（3-9）所示。结合式（3-8）、式（3-9）式（3-18），可以计算得到扩散张量中各个元素为

$$D_{11} = \frac{1}{2}\{\lambda_1 + \lambda_2 + [(\lambda_2 - \lambda_1) * (J_{11} - J_{22})/\alpha]\}$$

$$D_{12} = (\lambda_2 - \lambda_1) * J_{12}/\alpha \tag{3-20}$$

$$D_{22} = \frac{1}{2}\{\lambda_1 + \lambda_2 - [(\lambda_2 - \lambda_1) * (J_{11} - J_{22})/\alpha]\}$$

其中

$$\alpha = \sqrt{(J_{11} - J_{22})^2 + 4J_{12}^2} \tag{3-21}$$

给定人体动作视频图像 $\{I(x,y,t_i)\}_{i=1}^N$，N 表示视频帧数，采用式 (3-15) 对每帧图像进行平滑，将平滑后的图像与前一帧的原图像进行差分，得到的结果为突出的轮廓或点，然后对差分后的整个视频图像在一定时空窗口内采用非极大值抑制求解局部极大值，兴趣点即为局部极大值的位置。算法描述如下：

基于非线性各向异性扩散的时空兴趣点检测算法

$\{I(x,y,t_i)\}_{i=1}^N$：输入的人体动作视频；N：总共的帧数；s：尺度（扩散时间）；λ_{sp}：空间域上控制梯度对平滑的程度；λ_{tp}：时间域上控制梯度对平滑的程度；σ 是结构张量中高斯滤波器 G_σ 的方差，$\sigma_x,\sigma_y,\sigma_t$：分别为局部非极大值抑制窗口的空间和时间上的尺度。

步骤1：利用式 (3-16) 对每帧进行平滑计算 $I(x,y,t_i,s)$，得到每帧的突图。

for $i=1,\cdots,N$ do

for $j=1,\cdots,s$ do

利用 $\dfrac{\partial I(x,y,t_i,s)}{\partial s} = \mathrm{div}(\boldsymbol{D}\cdot\nabla I_{sp}) + g_{tp}(\mid\nabla I_{tp}\mid)\cdot\nabla I_{tp}$ 计算 $I(x,y,t_i,s)$；将最后平滑后的图像 $I(x,y,t_i,s)$ 与前一帧原图像 $I(x,y,t_{i-1})$ 进行差分得到突图。

end for

end for

步骤2：计算时空窗口内的响应极大值，对整个视频在时空窗口 $\sigma_x\times\sigma_y\times\sigma_t$ 内利用非极大值抑制方法计算突出的兴趣点位置。

for $k=1,\cdots,$兴趣点个数

提取兴趣点周围时空体 cuboid 的特征。

end for

研究中所提出的时空兴趣点检测方法在杂乱背景和摄像机晃动/移动幅度比较大的情况下获得较好的效果，如图 3-5 所示。但是对于几乎静态背景的图像可能增强了一些弱背景信息影响识别性能，因此在时空兴趣点检测时可以考虑结合本书提出的方法和 Dollar 提出的方法[37]，采用某种策略来判断该视频是否为动态背景的视频，如果几乎是静态背景的人体动作视频，采用 Dollar 提出的兴趣点检测方法[37]会得到更好一些的效果；而对摄像机晃动/移动导致的背景变化较大的情况下，则采用本书提出的兴趣点检测方法。

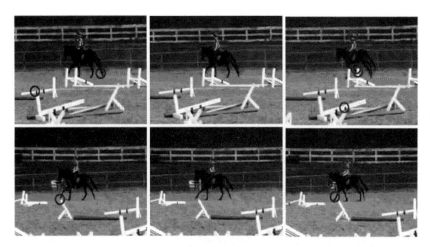

图 3-5　兴趣点检测方法在骑马动作中的检测结果

3.3.2　计算方法

从非线性各向异性的扩散方程式(3-11)可知,该方程的求解就是解偏微分方程,而在众多求解偏微分方程的数值方法中,三种应用最广的方法为有限元法(finite element method,FEM)、有限体积法(finite volume method,FVM)和有限差分法(finite difference method,FDM)。本书采用有限差分法进行求解。

有限差分方法(FDM)是计算机数值模拟最早采用的方法,至今仍被广泛运用。该方法将求解域划分为差分网格,用有限个网格节点代替连续的求解域。有限差分法以泰勒(Taylor)级数展开等方法,把控制方程中的导数用网格节点上的函数值的差商代替进行离散,从而建立以网格节点上的值为未知数的代数方程组。该方法是一种直接将微分问题变为代数问题的近似数值解法,数学概念直观,表达简单,是发展较早且比较成熟的数值方法。

在采用数值计算方法求解偏微分方程时,将每一处导数由有限差分近似公式替代,从而把求解偏微分方程的问题转换成求解代数方程的问题,即所谓的有限差分法。有限差分法求解偏微分方程的步骤如下:

① 区域离散化,即把所给偏微分方程的求解区域细分成由有限个格点组成的网格;

② 近似替代,即采用有限差分公式替代每一个格点的导数;

③ 逼近求解。换而言之,这一过程可以看做是用一个插值多项式

及其微分来代替偏微分方程的解的过程。

根据离散化的形式不同,可分为前向差分、后向差分和中心差分等。

① 前向差分表达式

$$\frac{\partial I}{\partial t} \approx \frac{I^{t+1} - I^t}{\tau} \tag{3-22}$$

② 后向差分表达式

$$\frac{\partial I}{\partial t} \approx \frac{I^t - I^{t-1}}{\tau} \tag{3-23}$$

③ 中心差分表达式

$$\frac{\partial I}{\partial t} \approx \frac{I^{t+1} - I^{t-1}}{2\tau} \tag{3-24}$$

采用有限前向差分的方法求解式(3-15)的非线性各向异性的扩散过程,根据 Weickert 提出的非线性各向异性的扩散方程(3-11)的求解方法[100],采用有限前向差分逼近可得到

$$\frac{\partial I}{\partial t} \approx \frac{I^{t+1} - I^t}{\tau} = \sum_{j \in \Omega} A_j^t I^t \Rightarrow I^{t+1} = I^t + \tau \sum_{j \in \Omega} A_j^t I^t \tag{3-25}$$

其中,Ω 是当前像素点上的空间邻域,τ 是时间戳,I^t 表示在扩散时间 $t\tau$ 上的 $I(x, y)$ 的逼近,表达式 $\sum_{j \in \Omega} A_j^t I^t$ 是 $\mathrm{div}(\boldsymbol{D} \cdot \nabla I)$ 的离散化形式,A^t 是空间域上一个可变的模板(mask)。根据 Weickert 的求解方法,可得到非线性各向异性扩散方程(3 - 15)的有限前向差分逼近为

$$\frac{\partial I_{t_i}^{s+1}}{\partial s} \approx \frac{I_{t_i}^{s+1} - I_{t_i}^s}{\tau} = \sum_{j \in \Omega_{t_i}} A_{j,t_i}^s I_{t_i}^s + \nabla I_{tp}^s g_{tp}^s (| \ \nabla I_{tp}^s |)$$

$$I_{t_i}^{s+1} = I_{t_i}^s + \tau (\sum_{j \in \Omega_{t_i}} A_{j,t_i}^s I_{t_i}^s + \nabla I_{tp}^s g_{tp}^s (| \ \nabla I_{tp}^s |)) \tag{3-26}$$

其中,Ω_{t_i} 是第 t_i 帧当前像素点上的空间邻域,τ 是时间戳(即尺度步长 Δs),$I_{t_i}^s$ 表示在扩散尺度 $s\tau$ 上的 $I(x, y, t_i)$ 的逼近,表达式 $\sum_{j \in \Omega_{t_i}} A_{j,t_i}^s I_{t_i}^s$ 是 $\mathrm{div}(\boldsymbol{D} \cdot \nabla I_{sp})$ 的离散化形式,$A_{t_i}^s$ 是空间域上一个可变的模板(mask)。由于时间上平滑仅受前一帧的影响,因此在第 t_i 帧上 ∇I_{tp}^s 为

$$\nabla I_{tp}^s = I(x, y, t_{i-1}) - I(x, y, t_i, s) \tag{3-27}$$

3.4 实验与分析

为了验证本算法的有效性,在两大公开的人体动作数据集 KTH[44]

和 YouTube[63]上进行了评价,这两个数据集都是户外现实场景下的人体动作视频,常被用于评价人体动作的识别性能,并与现有的时空兴趣点检测方法(Dollar 的方法[37]和 Shabani 的方法[97])进行了比较和分析。

3.4.1 实验数据集和实验设置

KTH 数据集[44]的背景相对简单,存在光照变化,包含摄像机轻微晃动/移动下的 25 个表演者在 4 种不同场景(包括室内、户外、衣着变化和尺度变化)中的 6 类人体动作视频,拳击(boxing)、拍手(hand clapping)、挥手(hand waving)、慢跑(jogging)、跑步(running)和行走(walking),从中选取了一个摄像机有轻微晃动的"walking"动作视频作为比较样例。YouTube 数据集[63]则是完全不受控制的现实环境下的视频,包含了摄像机快速运动(比如骑自行车、骑马和走路的视频)、背景复杂、各种不同的体型大小、表观、姿态、光照变化、视角变化、低分辨率等各种影响,总共 11 类人体动作,从中选取了户外场景下摄像机快速移动的"骑马(riding)"和"骑自行车(biking)"动作视频为评价样例。

实验设置为:在偏微分方程(3-15)的实现中,采用了有限前向差分的方法,时间间隔设置为 $\Delta s = 0.2$;$\lambda_{tp} = 5$ 或者 10,$\lambda_{tp} = 10$,结构张量中高斯滤波器 G_σ 的方差 $\sigma = 4$。由于没有考虑时空尺度上的兴趣点检测,所以仅采用了一个时空尺度,KTH 数据集上的时空窗口的尺度分别设置为 $\sigma_x = \sigma_y = 7$ 和 $\sigma_t = 13$,YouTube 数据机上的尺度设置为 $\sigma_x = \sigma_y = 13$ 和 $\sigma_t = 25$。

3.4.2 摄像机轻微晃动下的时空兴趣点检测方法比较

摄像机轻微晃动下的兴趣点检测主要验证了本研究提出的兴趣点检测方法对噪声、弱纹理区域和弱摄像机晃动的鲁棒性,并与 Dollar 的时空兴趣点方法[37]和 Shabani 的时空兴趣点方法[97]进行比较。该实验在相对简单的 KTH 数据上进行,选择了摄像机有稍微晃动下的"walking"人体动作视频作为样例。图 3-6 给出了该环境下时空兴趣点的检测结果。

从图 3-6(a)中可以看出 Dollar 的时空兴趣点方法确实对摄像机晃动很敏感,而且产生的兴趣点比较稀疏;摄像机晃动导致了一些轻微的背景运动,因而就有一些兴趣点位于图像的背景区域,这可能是由于时间域上的 Gabor 滤波器对噪声和纹理比较敏感所致,所以很容易受到摄像机晃动/移动的影响。图 3-6(b)和图 3-6(c)分别给出了 Shabani 和本书提出的时空兴趣点检测结果,从这两个图像可以看出,Shabani 的方法和本书的方法获得了比 Dollar 的方法更好的检测效果,检测到的兴趣点基本都位于人体运动部位,没有兴趣点出现在摄像机晃动下的背景区域(见图 3-6 的最后两行)。这证明非线性各向异性扩散滤波确实能够对噪声和弱纹理进行很好的平滑,而且保持了图像结构边缘;并且该实验结果也表明 Shabani 的方法和本书的方法都对摄像机晃动/移动具有很好的鲁棒性。

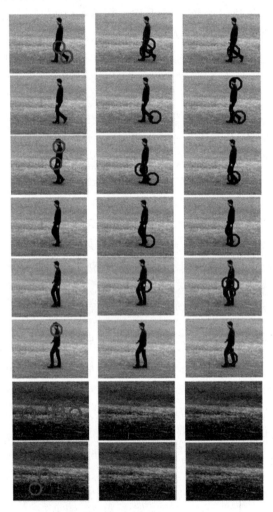

(a) Dollar的方法 (b) Shabani的方法   (c) 本书的方法

图 3-6 摄像机轻微晃动下 Dollar 的时空兴趣点方法、Shabani 的时空
兴趣点方法和本书时空兴趣点检测方法的结果

3.4.3 杂乱背景和摄像机快速运动下的时空兴趣点检测方法比较

该实验评价了 Dollar 的时空兴趣点方法、Shabani 的时空兴趣点方法和本书提出的时空兴趣点检测方法在杂乱背景和摄像机快速移动下的性能。实验样例为复杂场景下 YouTube 数据集中的"biking"和"riding"人体动作,这两类人体动作由于移动速度快,存在各种速度的摄像机晃动或移动,导致了各种不同速度的背景和人体运动,而且背景杂乱,有房屋、树木、电线杆、围栏、斑马线等的干扰。图3-7给出了"biking"人体动作中三种方法的时空兴趣点检测结果,图3-8 给出了"riding"人体动作中三种方法的时空兴趣点检测结果。

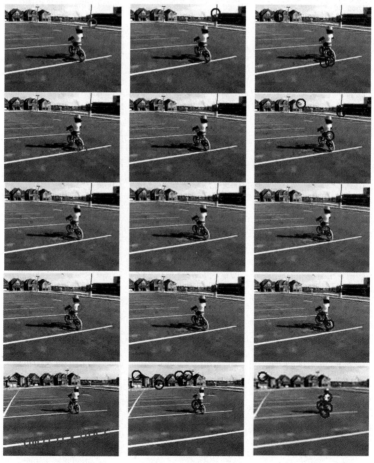

Dollar的方法   Shabani的方法   本书的方法

图 3-7 "biking"人体动作中 Dollar 的时空兴趣点方法、Shabani 的时空
兴趣点方法和本书时空兴趣点检测方法的结果

Dollar的方法   Shabani的方法   本书的方法

图 3-8 "riding"人体动作中 Dollar 的时空兴趣点方法、Shabani 的
时空兴趣点方法和本书时空兴趣点检测方法的结果

从"biking"和"riding"两类人体动作的实验结果可以看出,Dollar的时空兴趣点方法对摄像机移动很敏感,很容易检测到由于摄像机晃动导致的背景运动点,特别容易检测到线型的结构点,如图 3-7 中第一列的第一、二和最后一行所示,检测的所有点都在背景中的高亮度直线上。相比较而言,Shabani 的时空兴趣点方法和本书提出的时空兴趣点检测方法对背景中的细小结构具有更好的平滑性,大部分兴趣点在结构区域比较大的地方,这表明 Shabani 和本书的时空兴趣点检测方法比Dollar 的方法具有更好的鲁棒性,能获得更好的检测效果。与 Shabani方法比较,本书的方法获得了更好的检测效果,检测到的兴趣点很多位于人体运动所在的区域(如人、自行车或马的运动部位),即能够捕捉到人体动作的特征,这也证明了本书的方法能够对摄像机快速移动进行更好的建模。

3.4.4 计算复杂度分析

该实验比较分析了 Dollar、Shabani 和本书时空兴趣点检测方法的计算复杂度。在 Genuine Intel T2050 1.60 GHz 双核 CPU 和 2 GB 内存的机器上运行,采用了 Youtube 数据集中的人体动作视频序列,总共为1000 帧,图像大小为 320×240 像素,分别比较了扩散尺度为 1~30 时各种方法的平均每秒计算的帧数。由于 Dollar 方法没有扩散过程,而是高斯平滑,因此在每一个扩散尺度上,Dollar 方法仅用与扩散尺度相同的尺度进行一次高斯平滑。图 3-9 给出了对比结果,当扩散尺度为1 时,Shabani 方法的计算速度最快,为 11.1 帧/s,Dollar 方法其次,为7.4 帧/s,本书的方法最慢,为 4.8 帧/s;当扩散尺度为 2 以上时,Dollar方法计算速度最快,其次为 Shabani 方法,本书的方法最慢。该结果表明,Dollar 的时空兴趣点检测方法的计算复杂度最低,其次为 Shabani方法,最高的是本书的方法,这是由于本书的方法根据图像几何结构进行不同程度的扩散,扩散张量的计算耗费了更多的时间,但在杂乱背景和摄像机移动场景下却可以获得最好的检测结果。然而 Dollar 的方法不能进行多尺度表示,若实现多尺度表示的话,则计算复杂度远高于Shabani 方法和本书的方法,而 Shabani 方法和本书中方法的扩散过程实质已实现了多尺度表示。

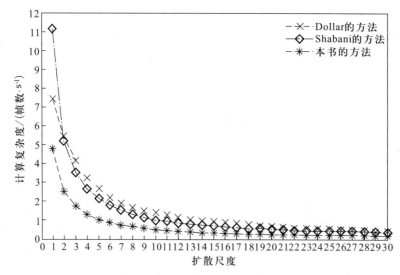

图 3-9　Dollar 方法、Shabani 方法和
本书方法的计算复杂度比较

3.5　本章小结

时空兴趣点检测在局部表示方法中起着关键的作用,其性能影响到后面一系列的步骤。本章主要研究了杂乱背景和摄像机移动场景下的时空兴趣点检测问题,特别是针对摄像机晃动/移动幅度比较大的情况下的时空兴趣点检测。通过分析现有时空兴趣点检测方法及其存在的问题可知,现有的时空兴趣点检测方法大多不能适用于复杂的动态场景下的兴趣点检测,特别是摄像机晃动/移动幅度比较大的情况下,很多兴趣点基本上都在背景物体上,这是因为很多方法是对整个时空域进行滤波,没有对摄像机晃动/移动所导致的时间关系上的不确定性建模。

本章针对这些问题,结合空间域上的平滑和时间域上的平滑,提出了一种新的时空兴趣点检测方法。空间域上的平滑是多向的,采用了Weickert 提出的边缘增强的非线性各向异性扩散滤波器,保持和增强了边缘信息,同时又平滑掉噪声和图像结构内部。时间域上的平滑考虑了摄像机移动晃动/移动所导致的时间关系上的不确定性,当前帧仅仅受前一帧的影响,而与后面的帧和间接前面的帧是无关的,扩散是单向的,时间上的平滑仅和直接的前一帧有关,采用了与梯度成正比的抑制函数,来抑制摄像机晃动/移动所导致的影响。

　　最后在复杂的现实场景下的人体动作视频 Youtube 数据集上进行了验证,实验结果表明采用 Weickert 提出的边缘增强的非线性各向异性扩散滤波不但能够平滑掉人体区域内的常量区域和一些背景噪声,而且能够使得兴趣点位于突出的人体轮廓边缘上,通过结合时域上的抑制函数,能够平滑掉摄像机移动导致的一些线状或细区域的运动,使得兴趣点大部分还是位于人体动作区域上。与现有的 Dollar 提出的时空兴趣点检测方法和 Shabani 提出的时空兴趣点方法相比较,本书的时空兴趣点检测方法在杂乱背景和摄像机晃动/移动场景下获得了更好的检测结果。

第4章 改进的视频抖动自适应的 时空兴趣点检测方法

4.1 引言

在第3章中主要研究了杂乱背景和摄像机移动场景下的时空兴趣点检测问题,特别是针对摄像机晃动/移动幅度比较大的情况下的时空兴趣点检测。针对杂乱背景和摄像机移动场景下时空兴趣点检测,提出了一种新的基于非线性各向异性扩散滤波方法,采用了 Weickert 提出的边缘增强的非线性各向异性扩散滤波器,保持和增强了边缘信息,同时又平滑掉噪声和图像结构内部,并在时间域上的平滑考虑了摄像机移动晃动/移动所导致的时间关系上的不确定性,采用了与梯度成正比的抑制函数,来抑制摄像机晃动/移动所导致的影响。在杂乱背景和摄像机晃动/移动幅度比较大的情况下获得较好的效果,但是对于几乎静态背景的图像可能增强了一些弱背景信息影响识别性能。而 Dollar 提出的兴趣点检测方法[37]则只能对相对简单背景下的人体动作进行检测,对复杂动态场景下的人体动作难以检测到,容易受到噪声、杂乱背景中的物体和摄像机晃动/移动所带来的影响。因此,本章通过视频抖动检测方法[101]判断视频是否为动态背景,然后结合第3章提出的时空兴趣点检测方法和 Dollar 提出的时空兴趣点检测方法[37]进行时空兴趣点检测。如果几乎是静态背景的人体动作视频,则采用 Dollar 提出的时空兴趣点检测方法[37],而对摄像机晃动/移动导致的背景变化较大的情况下则采用本书第3章提出的时空兴趣点检测方法(为了便于描述,这里把第3章提出的时空兴趣点检测方法命名为基于非线性各向异性扩散的时空兴趣点检测(the Spatio-Temporal Interest Point Detection based on the Nonlinear Anisotropic Diffusion Filter, STIPD _ NADF)。

4.2 视频抖动检测算法

视频画面抖动检测算法是视频监控诊断系统中主要的研究问题之

一,实时性和良好的检测精度是其主要的性能指标。正常情况下,运动图像序列的连续多帧之间过渡是平滑的,画面相关性比较连续,但是如果它们之间的相关性出现大波动时,视频就会显示出抖动的情况。在视频监控中,由于摄像头一般都是固定在某个位置,因此造成视频画面抖动现象的原因主要有:

① 摄像头受到环境的干扰(比如强风)发生有规律的摆动从而造成图像的上下或左右抖动;

② 摄像头正在被人移动,造成画面抖动。

任何一种情况,都会导致画面出现周期性震颤或不规则扭曲。而人体动作识别的视频来源广泛,包括有摄像机、手持设备、网络视频等,而视频出现抖动的原因与监控视频是一样的,主要也是两方面的原因:一是摄像机可能受到环境的干扰发生轻微的抖动;二是摄像机发生人为的移动。所以人体动作识别中视频抖动的检测算法与监控视频抖动算法可以是相同的。因此,利用视频诊断系统中的视频画面抖动算法同样可以进行视频的抖动检测。

与视频监控抖动异常检测问题比较接近的是视频稳像技术,二者在算法方法上有一定的联系,快速而准确地检测图像序列的帧间运动是实现电子稳像的关键技术。但是二者在研究目的上又有较大的区别:视频监控抖动检测的主要目的是能以较高的精确度实时检测出视频图像是否发生了抖动异常,以便能及时通知监控系统,实时、高精度的判断视频是否发生抖动为算法的最终目标。而视频稳像技术则更注重视频画面的视觉效果,算法的最终目标是为了得到稳定高质的画面。因此,二者在算法上虽然可以互相借鉴,但也存在差别。

目前常见的视频抖动检测算法主要有块匹配法[102]、灰度投影法[103]、特征点匹配[104]和光流法[105]。

1. 块匹配算法

块匹配法(block matching algorithm)基于块内所有像素都具有相同运动的假设。假定待匹配块的大小为 $M \times N$,并根据摄像系统在水平和垂直方向的振动范围($\pm dx, \pm dy$)(根据振动幅度相应改变),在当前帧中确定尺寸为 $(M+2dx) \times (N+2dy)$ 的搜索窗口,然后根据一定的匹配准则来进行搜索,判断出匹配块,则二者的位置之差即为匹配块在水平和垂直方向上的偏移量。块匹配的问题是:

① 只适用于估计平移运动,不适用于缩放和旋转的运动;

② 计算量大,效率低,难以达到实时性要求。

2. 灰度投影算法

灰度投影法(projection algorithm)基于图像整体行列灰度投影曲线的相关性来进行图像匹配,可以检测图像序列帧间的平移运动。算法主要由图像映射、投影滤波和相关运算三部分组成。这类算法充分利用图像总体灰度分布的变化规律,只需要对图像行列的投影曲线做一次相关运算,就可以计算出运动矢量。计算量比较小,但是主要的问题是:

① 算法要求图像的灰度变化要较丰富,图像有一定的对比度,否则,灰度投影曲线变化不明显,难以精确地求出运动矢量或者根本无法进行投影曲线的相关运算;

② 易受局部运动的影响。

3. 特征点匹配

基于特征匹配的全局运动估计算法是以从图像中提取出来的某些特征作为匹配基元,提取有效特征集进行帧间运动估计,得出全局运动参数。特征点具有一定的代表性,对不同场景有较好的适应性,因此这类方法得到广泛的关注和应用。

4. 光流法

光流的研究是利用图像序列中的像素强度数据的时域变化和相关性来确定各自像素位置的"运动"。传统的稠密型光流计算量比较大,在大位移运动的情况下,光流误差较大,但是光流法的优点在于光流不仅携带了运动物体的运动信息,而且还携带了有关景物三维结构的丰富信息,能够比较好地刻画目标物运动的过程。

在视频抖动检测算法中,主要根据估计得到的全局运动参数,以及图像帧之间的相对运动程度来判断视频图像是否发生了抖动。相比电子稳像技术中的运动估计,在抖动异常检测算法中,运动参数的估计不需要做到非常的精准,但是需要能正确反映实际运动过程的事实。

利用文献[101]中的视频抖动检测算法,即一种实时有效、具有较高检测精度的视频监控画面抖动检测算法,算法采用稀疏型的光流特征和特征点匹配相融合的策略,以前-后向误差为检验标准过滤错误匹配的光流点,然后根据正确匹配的点集合估计视频帧之间的全局运动方向和幅度等参数。在一个时间段内,利用运动熵衡量连续帧的运动混乱程度,判断视频画面是否发生抖动异常现象。

4.2.1 视频画面抖动检测算法

视频发生抖动,意味着整个画面都将发生运动,同一帧画面上的点总体运动趋势保持一致。基于这个假设,计算画面的全局运动参数,来估计画面的整体运动情况。视频信号的光流特征能够反映画面丰富的运动信息,特征点匹配对于环境适应性较好。因此,将稀疏型光流特征与特征点匹配相融合,用于估计运动过程参数,有效实现它们各自的优点。

在视频的整个画面空间上进行快速 Harris 角点检测,将画面均匀划分成若干栅格区域(如 5×5 的划分),然后在每个栅格区域随机选取若干个角点,形成均匀分布于画面空间的角点点集,计算它们的光流特征。由于采样的点数远小于图像的像素个数,其稀疏型光流特征的计算量将大大减少。根据光流特征,可以粗略估计当前点在下一帧的大致位置,为了避免光流受大位移抖动的影响,减少匹配误差,算法在光流点估计位置的局部邻域范围内进行特征点匹配,一方面可以利用特征点匹配的良好适应性,同时可以避免特征点全局画面匹配的计算量。最后算法根据前-后向误差的标准,选取更为可靠的匹配点对估计全局运动参数。

画面抖动检测算法

输入:连续视频帧图像 $I = \{I_1, I_2, \cdots, I_N\}$

for $i = 1, \cdots, N-1$

　① 对 I_i, I_{i+1} 进行快速 Harris 角点检测,提取有向的二进制稳健独立基元特征(oriented BRIEF, ORB)特征;

　② I_i 均匀划分成 $K \times K$ 区域,每个区域随机选取 M 个兴趣点,形成均匀分布的兴趣点集

　$Pt = \{P1, P2, \cdots, PS\}, S = K * K * M;$

　③ 计算前向匹配点集 $Pt\_F = \{P1\_f, \cdots, Pj\_f, \cdots, PS\_f\}$

　◇ 对点集 Pt 计算前向光流特征,估计在下一帧 I_{i+1} 中的大致位置 $Pt_A = \{P1_A, P2_A, \cdots, PS_A\}$

　◇ 对每个位置 $Pj_A, (j = 1, \cdots, S)$ 的邻域范围 d 内,搜索与点 Pj 最为相似的角点作为 Pj 点的前向匹配点 Pj_f。

　④ 计算后向匹配点集 $Pt\_B = \{P1\_b, \cdots, Pj\_b, \cdots, PS\_b\}$

　◇ 对点集 Pt_F 计算后向光流特征,估计在前一帧 I_i 中的大致位置 $Pt_B = \{P1_B, P2_B, \cdots, PS_B\}$

　◇ 对每个位置 $Pj_B, (j = 1, \cdots, S)$ 的邻域范围 d 内,搜索与点 Pj_A 最为相似的角点作为 Pj_A 点的后向匹配点 Pj_b。

　⑤ 计算点集 Pt 的前向-后向误差

　$FBerr = \{FBerr1, \cdots, FBerrS\}, FBerri = dist(Pi, Pi\_b)$

续

⑥ 根据 FBerr 由小到大排序,选取 Pt 子集 Pt_sub 及对应的前向匹配点集 Pt_Fsub,作为可靠的正确匹配点集。

⑦ 根据 Pt_sub 与 Pt_Fsub 计算全局运动幅度与方向 $\{D_i, \theta_i\}$

输出:根据运动参数 $\{D_i, \theta_i\}$,$i = 1, N-1$,计算运动熵 entropy,根据阈值 thre 判断是否发生抖动

4.2.2 金字塔 Lucas-Kanade 稀疏光流特征

金字塔式 Lucas-Kanade 稀疏光流特征的基本思想是,构造图像的金字塔序列,当图像分解到一定的层次之后,相邻帧间图像的运动量将变得足够小,满足光流计算的约束条件,从而可以直接进行光流估计。

设 t 时刻图像上一点 $a(x,y)$ 处的灰度值为 $I(x,y,t)$,$t+\Delta t$ 时刻,点 a 运动到新的位置 $a^*(x+\Delta x, y+\Delta y)$,根据光流特征原理的假设,可以认为这个过程是点以点 a 为中心的较小窗口区域经过某种几何变换后在 $t+\Delta t$ 时刻灰度保持不变,即 $I(a,t) = I(\delta(a), t+\Delta t)$,在光流计算中,$\delta(a)$ 视为简单的平移变换 $\delta(a) = a^*(x+\Delta x, y+\Delta y)$。

设 I^0 为原始图像的灰度表示(大小为 $W_x \times H_y$),位于金字塔的第 0 层,并依次生成 n 层高斯图像金字塔的第 1、2、$\cdots$、$N-1$ 层,分别表示为 $I^1, I^2, \cdots, I^{N-1}$。第 $I^L(x,y)$ $(0 < L \leqslant N-1)$ 层图像灰度的计算方法:在第 I^{L-1} 层灰度图像上,以第 $I^{L-1}(2x, 2y)$ 为中心,利用加权矩阵 W 进行加权平均计算得到

$$W = \frac{1}{4} \begin{bmatrix} \dfrac{1}{4} & \dfrac{1}{2} & \dfrac{1}{4} \\ \dfrac{1}{2} & 1 & \dfrac{1}{2} \\ \dfrac{1}{4} & \dfrac{1}{2} & \dfrac{1}{4} \end{bmatrix} \tag{4-1}$$

这里 (x,y) 的定义范围是:$0 \leqslant x \leqslant \dfrac{1}{2^L} W_x - 1$,$0 \leqslant y \leqslant \dfrac{1}{2^L} H_y - 1$。

对于原始图像 I^0 中的特征点 $a(x,y)$,在 L 层图像 I^L 中的 $a^L(x^L, y^L)$ 与之对应,其中 $a^L = \dfrac{a}{2^L}$。在进行基于分层结构的光流计算时,会存在误差传播的问题,因此分解的层数不宜太多。N 的选择与图像间最大期望光流 D_F 有关:$D_F = (2^N - 1)$,其中 d_{max} 视为经典梯度光流法所允许的图像间最大光流位移。一般的,$3 \leqslant N \leqslant 5$ 比较合适。

光流跟踪的目的是,给定图像 I 上的一个用二维坐标向量表示的

点 $\boldsymbol{u}$，在图像 J 上找到对应的、具有相似图像强度的另一点 $\boldsymbol{u}+\boldsymbol{d}=(u_x+d_x,u_y+d_y)$，平移向量 $\boldsymbol{d}$ 即 $\boldsymbol{u}$ 点的光流，可以认为是使不同时刻图像区域之间产生最佳拟合的位移，残差 ε 最小。

$$\varepsilon(\boldsymbol{d}) = \varepsilon(d_x,d_y) = \sum_{x=u_x-w_x}^{u_x+w_x} \sum_{y=u_y-w_y}^{u_y+w_y} (I(x,y) - J(x+d_x,y+d_y))^2$$

$$(4-2)$$

在实际的计算过程，采用迭代的思想，逐层计算图像在不同层次上 I^L 与 J^L 之间的光流量 $\boldsymbol{d}^L$。

4.2.3 稀疏光流的前-后向误差估计

目标跟踪的前-后向一致性假设：正确的目标跟踪轨迹应该与其前后帧顺序无关，即当前帧的某个特征点 A，跟踪得到下一帧对应特征点 B，如果点 B 为正确的匹配目标，那么它反向跟踪到当前帧所对应的点 A1。理想情况下点 A1 应该与初始点 A 重合。特征点跟踪的前-后向误差 FBerror 的示意如图 4-1 所示。

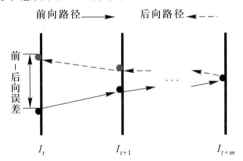

图 4-1 特征点前-后向误差计算示意

依据这个前提假设，提出采用前-后向误差来估计正确的匹配特征点集。对当前帧 I_i 采样特征点集 $Pt=\{P1,P2,\cdots,PS\}$，提取金字塔 Lucas-Kanade 稀疏光流特征，跟踪得到下一帧 I_{i+1} 对应的前向光流大致位置点集 $Pt_A=\{P1_A,P2_A,\cdots,PS_A\}$；在图像 I_{i+1} 中以 Pi_A 为中心的局部邻域范围内搜索与点 Pi 最为相似的兴趣角点 Pi_f，构成前向光流匹配点集 $Pt\_F=\{P1\_f,\cdots,Pj\_f,\cdots,PS\_f\}$，如图 4-2 所示。

以 Pt_f 点集为初始点，从 I_{i+1} 帧反向跟踪到帧 I_i，得到后向光流大致位置 $Pt_B=\{P1_B,P2_B,\cdots,PS_B\}$。类似地，在局部约束的条件下搜索后向光流匹配点集 $Pt\_B=\{P1\_b,\cdots,Pj\_b,\cdots,PS\_b\}$。根据前-后向一致性假设，计算第 i 个特征点的前-后向误差，这里的距离函数采用欧

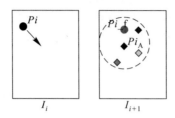

图 4-2 前向光流局部约束点搜索匹配示意图

氏距离。

$$\text{FBerror}_i = \sqrt{\left(x_{Pi} - x_{Pi\_b}\right)^2 + \left(y_{Pi} - y_{Pi\_b}\right)^2} \tag{4-3}$$

得到点集 Pt 中所有特征点的前-后向误差。进行排序,选取中位值 MidFB。在 Pt 和 Pt_F 中保留前-后向误差小于的 MidFB 的特征点作为有效匹配特征点,从而得到当前帧与下一帧正确匹配的光流点集 Pt_sub 和 Pt_Fsub。

4.2.4 基于光流运动熵的视频画面抖动检测算法

根据前-后向误差估计的结果,计算每一对正确匹配点之间的运动距离 D_i 和运动方向 θ_i,

$$D_i = \sqrt{\left(x_{A_i} - x_{B_i}\right)^2 + \left(y_{A_i} - y_{B_i}\right)^2}$$
$$\theta_i = \arctan\left(\frac{y_{A_i} - y_{B_i}}{x_{A_i} - x_{B_i}}\right) \tag{4-4}$$

θ 方向可以量化到四个主要方向 $\left(0, \dfrac{\pi}{2}, \pi, \dfrac{3\pi}{2}\right)$。那么可以得到当前帧所有光流特征点集的运动参数 $\{D_i, \theta_i\}_{i \in Pt\_sub}$。统计点集 Pt_sub 中所有点的运动幅值与方向,类似 HOG(梯度方向直方图)的思想,我们得到运动幅度加权方向直方图 $\text{OriHist}_{\text{Dist}}$,取概率最大的方向作为当前帧的运动主方向 θ_{main},相应方向的平均幅值为当前帧的运动幅度 $\text{Dist}_{\text{main}}$。$\{\text{Dist}_{\text{main}}, \theta_{\text{main}}\}$ 作为当前帧 I_i 的全局运动参数。

如果摄像头发生抖动,视频图像的外在表象是图像序列不同帧之间的运动方向将会不一致,即运动方向比较混乱。因此我们采用熵的度量来刻画序列运动的一致性程度。在给定时间段提取若干连续帧(例如选择 10 ~ 20 帧图像),统计这个时间段内序列的运动方向直方图,计算其运动熵 Entropy。

$$\text{Entropy} = -\sum_i p_{\theta_i} \log p_{\theta_i}, \theta \in \left\{0, \frac{\pi}{2}, \pi, \frac{3\pi}{2}\right\} \tag{4-5}$$

连续帧序列运动一致的情况下,熵值最小,此种情况不符合抖动的定义。因此在最终抖动判断的过程,设定了一个运动幅度下限阈值 T_{min},运动熵下限阈值 E_{min},这些阈值可以通过大量的训练样例统计得到,当熵值 Entropy 大于 E_{min} 或运动幅值大于 T_{min} 时,将判断视频发生了抖动,否则正常。

4.3 基于视频抖动检测算法的混合时空兴趣点检测

由于第 3 章提出的 STIPD_NADF 方法在杂乱背景和摄像机晃动/移动幅度比较大的情况下获得较好的效果,对于几乎静态背景的图像可能增强了一些弱背景信息影响识别性能,而 Dollar 提出的 Cuboid 兴趣点检测方法[37]则只能对相对简单背景下的人体动作进行检测,对复杂动态场景下的人体动作难以检测到,容易受到噪声、杂乱背景中的物体和摄像机晃动/移动所带来的影响,两个方法各有优点,互为互补关系,因此利用视频抖动检测算法首先对视频的画面抖动情况进行检测,根据视频画面抖动检测的结果再决定采用 STIPD_NADF 方法还是 Cuboid 方法进行检测,从而充分结合了两种方法的优势,可以使得不管是静态背景还是动态背景都能得到较好的检测结果。检测过程如图 4-3 所示。

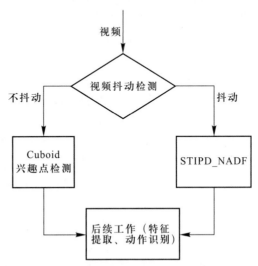

图 4-3 基于视频抖动检测算法的混合时空兴趣点检测

4.4 实验与分析

为了验证本算法的有效性,在三大公开的人体动作数据集 Weizmann 数据集[28]、KTH[44] 和 YouTube[63] 上进行了评价,Weizmann 数据集是静态背景视频集,由 9 个表演者执行 10 类动作(行走"walking"、跑步"running"、跳跃"jumping"、侧身行走"gallop sideways"、弯腰"bending"、单挥"one-hand-waving"、双挥"two-hands-waving"、原地跳跃"jumping in place"、展开跳跃"jumping jack"和单脚跳"skipping"),从中选取了"walking"动作视频作为比较样例;KTH 和 YouTube 这两个数据集都是户外现实场景下的人体动作视频。KTH 数据集[44]的背景相对简单,光照变化,包含摄像机轻微晃动/移动下的 25 个表演者在 4 种不同场景(包括:室内、户外、衣着变化和尺度变化)中的 6 类人体动作("boxing","hand clapping","hand waving","jogging","running"和"walking")视频,YouTube 数据集[63]则是完全不受控制的现实环境下的视频,包含了快速摄像机运动(比如骑自行车"biking"、骑马"riding"和走路"walking"的视频)、背景复杂、各种不同的体型大小、表观、姿态、光照变化、视角变化、低分辨率等各种影响,总共 11 类人体动作。与第 3 章一样,从 KTH 中选取了一个摄像机有轻微晃动的"walking"动作视频作为比较样例,从 YouTube 中选取了户外场景下摄像机快速移动的"riding"和"biking"动作视频为评价样例。

4.4.1 实验数据集和实验设置

实验设置为:在 STIPD_NADF 算法中的参数设置与第 3 章中的实验一样,时间间隔设置为 $\Delta s = 0.2$ s;$\lambda_{tp} = 5$ 或者 10,$\lambda_{tp} = 10$,结构张量中高斯滤波器 G_σ 的方差 $\sigma = 4$。KTH 数据集上的时空窗口的尺度分别设置为 $\sigma_x = \sigma_y = 7$ 和 $\sigma_t = 13$,YouTube 数据机上的尺度设置为 $\sigma_x = \sigma_y = 13$ 和 $\sigma_t = 25$。在视频抖动检测算法中,设置运动幅度下限阈值 $T_{min} = 3$,运动熵下限阈值 $E_{min} = 0.2$。

4.4.2 视频抖动检测验证

在 KTH[44] 和 YouTube[63] 上两种不同抖动状态的数据集上选取适量的视频,对视频抖动检测算法进行验证,检测结果见表 4-1。

表 4-1　在 KTH 和 YouTube 数据集上的视频抖动检测结果

视频名称	来源数据集	视频描述	抖动检测结果（是/否）
person01 _ boxing _ d1 _uncomp	KTH	视频中间有些轻微晃动	静态时为:否 中间晃动时:是
person02 _ boxing _ d4 _uncomp	KTH	静态背景	否
person04 _running_ d3 _uncomp	KTH	中间有些细微的晃动,背景单一	否
person03 _ walking_ d2 _uncomp	KTH	视频中间有些轻微晃动	否
v_shooting_01_01	YouTube	背景不动,运动对象多	否
v_biking_01_01	YouTube	背景移动快,目标运动速度快	是
v_diving_01_01	YouTube	背景晃动厉害,目标运动速度快	是
v_golf_01_01	YouTube	背景不动,运动对象单一	否
v_riding_01_02	YouTube	背景移动快,目标运动速度快	是

　　从表 4-1 视频抖动结果可以看出,本书采用的视频抖动算法在人体动作视频上能够有效地进行检测,对于移动和晃动背景的视频片段基本上能检测到,但对于轻微晃动且单一背景的视频则检测不到。

4.4.3　静态背景下的时空兴趣点检测方法比较

　　静态背景下的时空兴趣点检测主要比较分析 Dollar 的时空兴趣点方法[37]和 STIPD_NADF 兴趣点检测方法的检测效果。该实验在 Weizmann 数据集上进行,选择了一个"ido_run"人体动作视频作为样例。图 4-4 给出了两种方法在对应帧上的时空兴趣点检测结果。

　　从图 4-4 可以看出,Dollar 的时空兴趣点检测方法对静态背景视频的时空兴趣点检测获得了较好的性能,兴趣点基本上都分布在人体动作的主要部位,能很好地捕获到人体动作特征。而 STIPD_NADF 虽然也能捕获到人体动作特征,人体动作的主要部位分布了大量的兴趣

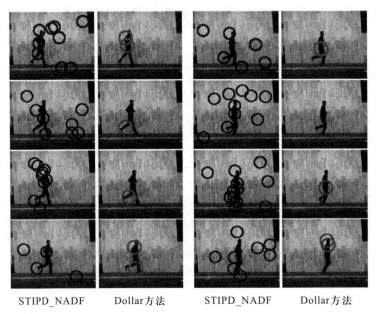

STIPD_NADF   Dollar方法   STIPD_NADF   Dollar方法

图4-4 静态背景下 STIPD_NADF 和 Dollar 方法兴趣点检测结果

点,但是还有很多兴趣点分布在背景区域,这是由于 STIPD_NADF 检测方法在时间上的平滑采用了梯度函数,增强了一些弱背景信息,从而使得很多兴趣点分布在背景区域,影响识别性能。该实验结果表明在静态背景下 Dollar 的时空兴趣点检测方法比 STIPD_NADF 的方法具有更好的检测性能。

4.4.4 摄像机轻微晃动下的时空兴趣点检测方法比较

摄像机轻微晃动下的兴趣点检测主要验证了本章提出的混合兴趣点检测方法在视频中间有轻微晃动时的检测性能,并与 Dollar 的时空兴趣点方法[37] 和 STIPD_NADF 方法进行比较。该实验在 KTH 数据上进行,选择有摄像机稍微晃动下的"walking"人体动作视频作为样例,检测结果如图4-5所示。由于该视频开始阶段视频基本不动,因此采用 Dollar 检测方法进行检测,结果与 Dollar 的时空兴趣点方法的结果相同,但在最后无人走动时视频出现了晃动,通过视频抖动算法检测到视频有抖动,因而采用 STIPD_NADF 进行检测,结果就不会出现 Dollar 检测方法中对噪声点的误检。该实验结果表明通过视频抖动检测算法检测到视频是否发生抖动后再采用相应的检测方法,比单一的 Dollar 检测方法和 STIPD_NADF 检测方法具有更好的效果,充分利用了

Dollar 检测方法和 STIPD_NADF 检测方法各自的优点，屏弃了两种方法的缺点。

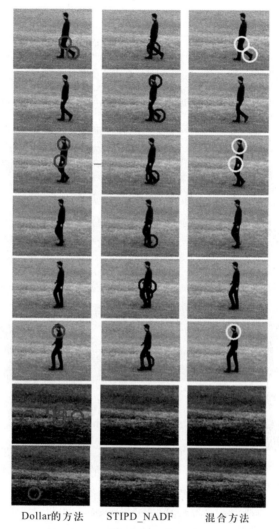

　　　　Dollar的方法　　　STIPD_NADF　　　混合方法

图4-5　轻微晃动视频的 Dollar 检测方法、STIPD_NADF
和本书混合检测方法的检测结果

4.4.5　杂乱背景和摄像机快速运动下的时空兴趣点检测方法比较

　　该实验评价了本章提出的混合时空兴趣点检测方法在杂乱背景和摄像机快速移动下的检测性能。实验样例为复杂场景下 YouTube 数据集中的"biking"人体动作，该人体动作存在各种速度的摄像机晃动或移动,目标移动快,而且背景杂乱,存在房屋、树木、电线杆、围栏、斑马线等的干扰。图4-6给出了"biking"人体动作中三种方法的时空兴趣点检测结果。

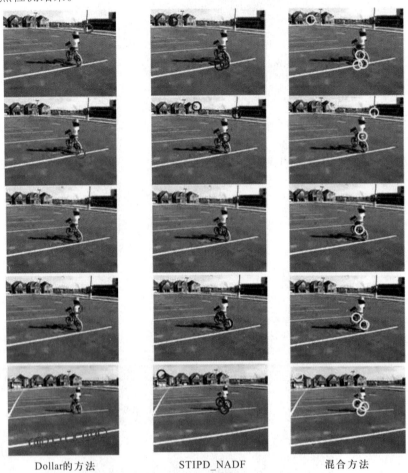

Dollar的方法　　　　STIPD_NADF　　　　混合方法

图4-6　杂乱背景和摄像机快速运动的Dollar检测方法、
STIPD_NADF和本书混合检测方法的检测结果

由于该视频背景移动快,目标运动速度快,因此通过视频抖动算法检测到视频有抖动,都是采用 STIPD_NADF 进行检测,因此检测结果与 STIPD_NADF 的结果相同。该实验结果表明,通过视频抖动检测算法检测到视频是否发生抖动后能充分利用适合场景的检测算法进行检测,算法更灵活,具有更好的检测性能。

4.5 本章小结

本章继续讨论时空兴趣点检测的工作,在第 3 章中集中研究了杂乱背景和摄像机移动场景下的时空兴趣点检测问题,特别是针对摄像机晃动/移动幅度比较大的情况下的时空兴趣点检测,该方法在杂乱背景和摄像机晃动/移动幅度比较大的情况下获得较好的效果,而在几乎静态背景的情况下容易检测到很多背景噪声,影响了识别性能。Dollar提出的兴趣点检测方法[37]则只能对相对简单背景下的人体动作进行检测,对复杂动态场景下的人体动作难以检测到,容易受到噪声、杂乱背景中的物体和摄像机晃动/移动所带来的影响。因此,本章重点研究了多种时空兴趣点检测方法的整合问题,采用视频抖动检测方法来判断视频是否为动态背景,然后结合本书第 3 章提出的时空兴趣点检测方法和 Dollar 提出的时空兴趣点检测方法进行时空兴趣点检测。

最后在静态背景视频集 Weizmann、包含轻微摄像机晃动/移动下的视频集 KTH 和户外现实场景下的视频集 YouTube(该数据集包含了快速摄像机运动、复杂背景、各种不同的体型大小、表观、姿态、光照变化、视角变化、低分辨率等影响)上进行了验证,实验结果表明,不管对哪种场景下人体动作视频进行时空兴趣点检测,本章提出的混合时空兴趣点检测方法能自动判断人体动作的背景运动情况,自适应地选择最优的检测算法进行检测。

第5章 基于稀疏编码的时空金字塔匹配的人体动作识别

5.1 引言

根据第2.1节的分析可知,全局表示依赖准确的定位、背景减除或人体跟踪,而且对视角、噪声和遮挡非常敏感。即便是基于光流的方法不用进行背景减除,但仍然依赖光流的计算。而光流对噪声、颜色和纹理变化非常敏感,特别是动态背景和摄像机移动对运动描述子影响很大,会引入很多噪声。所以,对于复杂场景下的人体动作识别本书采用局部表示的方法。局部表示不需要背景减除,而且能对少量人体表观、视角变化和部分遮挡保持不变,相比于全局表示,该方法更适合复杂现实场景下的人体动作表示。

由于局部描述子中描述子向量的高维性、维数和数量的不一致,一般不直接进行比较,通常采用基于 BoF 的识别方法,将一个视频看成由大量视觉单词组成,每个视觉单词是矢量量化后的局部特征描述子。基于 BoF 的识别模型的步骤一般为:特征检测和表示、矢量量化、直方图计算和识别。矢量量化指将训练视频中获得的特征描述子量化为视觉码书,码书形成后每个视频就可用码书中的视觉单词表示,计算每个视频的视觉单词直方图,然后用视觉单词直方图进行训练和识别。因此,训练获得的码书单词和大小直接影响最后的识别率。在基于 BoF 的人体动作识别方法中,码书的构建通常采用基于 K-means 的矢量量化方法[44,46]。基于 K-means 的方法存在两个主要的缺点:

① 很容易受到初始化和码书大小的影响。码书的大小对分类性能产生很大的影响;码书太小,判别性不好;码书太大,可能含有噪声。

② 构建的码书具有很大的冗余,不能准确地捕捉到视频中的突出信息。

为了克服以上缺点,构建更有语义的码书,提高码书的判别性,目前已提出了一些方法,这些方法大致可以分为两类:有监督的方法和无监督方法。

有监督的方法使用局部块标注或图像/视频标注[106-111]指导语义码书的构建。Moosmann 利用随机聚类森林来训练语义码书[108]，首先构建分类树，该分类树不是用于分类，而是用每个叶子表示视觉单词的类标。Yang 统一码书的构建和分类器的训练[111]，将每幅图像特征编码为视觉位序列(visual bits)，对于包含多类目标的图像，则用图像中包含的所有类的视觉位序列来表示，用各类的分类器来确定每幅图像属于每类的程度，然后将产生的新视觉位加入到码书，加入新的表示修改分类器。其他的一些研究使用特征和类标之间的互信息(mutual information，MI)构建语义码书，首先使用 K-means 算法量化更大的码书，然后再利用互信息构建更有语义的码书。

无监督的方法是受文本分类中的启发，如 pLSA[45,58,111] 和 LDA[112]，这些模型将图像/视频表示成隐变量(hidden topics)的混合分布，这些隐变量构成语义码书。Yang 提出了使用稀疏编码的方法构建视觉码书，应用于图像分类[113]。

在人体动作识别领域，Wong 利用 pLSA 构建语义码书[58]。Liu 使用最大互信息(maximization of mutual information，MMI)来确定码书最优大小，用于人体动作识别[114]。随后在文献[115]提出了使用扩散距离(diffusion distance，DD)学习语义码书，首先通过互信息表示中层特征，然后对中层特征应用扩散距离。受 Yang 等人[113]的启发，本章提出了基于稀疏编码的时空金字塔匹配的人体动作识别方法(spatio-temporal pyramid matching using sparse coding for action recognition，SCSTPM-AR)。首先，进行时空兴趣点检测，提取兴趣点并计算 cuboid 的梯度描述子；然后，利用稀疏编码的方法构建码书，自适应地选择最少视觉单词来表示每个特征，而不像 K-means 方法中仅仅选择一个最接近的视觉单词，这是因为基于稀疏编码的方法可得到每个 cuboid 的最紧致且具有判别力的稀疏表示，而且不用考虑初始化的问题；最后，根据码书计算每个 cuboid 的稀疏表示，再基于 max pooling 的时空金字塔匹配模型计算每个视频的人体动作描述子，从而避免传统的基于 BoF 的识别方法中未考虑时空关系的问题。

5.2 稀疏编码

稀疏编码(sparse coding，SC)的概念源于视神经网络的研究，是一种模拟哺乳动物初级视觉系统主视皮层 V1 区简单细胞感受野的人工神经网络方法，它通过定义稀疏性约束来优化学习得到类似于简单细胞响应特性的基函数。首次成功地模拟初级视觉系统的 SC 算法是 Olshausen 和 Field 于 1996 年在《Nature》杂志上发表的一篇重要论文[116]中提出的,该算法成功地模拟了主视皮层 V1 区简单细胞感受野的全部三个响应特性,即局部性、方向性和选择性。通过寻找自然图像的稀疏编码表示,该神经网络可以学习得到类似于简单细胞感受野的结构。

5.2.1 数学描述

从数学的角度讲,稀疏编码被假设为是对多维数据进行线性分解的一种表示方法,其表示非常简单。假设输入数据 $X = (x_1, x_2, \cdots, x_n)^T$ 为 n 维随机向量,线性转换矩阵为 $M \in R^{m \times n}$,$S = (s_1, s_2, \cdots, s_m)^T$ 表示线性转换后的系数向量,则稀疏编码模型表示为

$$S = MX \tag{5-1}$$

式(5-1)中 M 称为稀疏变换矩阵,其每一行对应稀疏变换中的一个基向量,线性转换后的稀疏向量 S 满足稀疏性分布,即 S 中每个分量 s_i 的大部分元素都为零,只有极少数元素不为零,对应 V1 区中少数的神经元响应。在实际应用中,常用以下形式表示图像的稀疏编码模型

$$I = AS + \varepsilon \tag{5-2}$$

每幅图像 I 表示为一组特征基向量的线性叠加。式(5-2)中 $A = (a_1, a_2, \cdots, a_m)$ 表示特征基矩阵,每个列向量模拟初级视觉系统主视皮层 V1 区感受野的特征基向量,S 为稀疏系数向量,每个分量表示对不同特征基的响应,对应主视皮层 V1 区简单细胞神经元的响应,$\varepsilon \ll AS$,通常假设为高斯白噪声。稀疏编码的目标就是找到一个特征基矩阵 A,使得每个图像块能够用这些特征基进行线性表示,充分捕捉到图像中的统计特性。

5.2.2 稀疏编码算法

在标准的稀疏编码算法[116]中,为了寻找得到最优的基向量和稀疏系数,通过最小化下面代价函数进行优化:

$$\min \left(I - \sum_i s_i a_i \right)^2 + \lambda \sum_i \varphi(s_i/\sigma) \tag{5-3}$$

该代价函数包含两项,第一项衡量编码的准确性,用输入信号和重构信号之间误差的平方和表示,第二项评价了系数的稀疏性,通过每个系数的非线性函数的和来表示。s_i 表示系数向量,a_i 代表特征基向量,σ 是一个尺度常量,近似表示 s_i 的标准差,λ 是一个正常量,表示第二项在代价函数中的重要程度。$\varphi(.)$ 是一个非线性函数,称为稀疏惩罚

函数,评价了对图像编码的稀疏度,Olshausen 等人给出了以下三种形式

$$\varphi(x) = |x| \qquad (5-4)$$

$$\varphi(x) = -e^{-x^2} \qquad (5-5)$$

$$\varphi(x) = \lg(1+x^2) \qquad (5-6)$$

该优化问题通过交替更新基向量和系数来进行,给定基向量,更新系数 s_i,然后再给定系数,更新基向量 a_i。s_i 更新规则为

$$\Delta s_i = a_i \mathbf{I} - \sum_j a_i a_j s_j - \frac{\lambda}{\sigma} \varphi'\left(\frac{s_i}{\sigma}\right) \qquad (5-7)$$

基向量的学习规则为

$$\Delta a_i = \eta \langle s_i (\mathbf{I} - \sum_i s_i a_i) \rangle \qquad (5-8)$$

虽然 Olshausen 等人提出的稀疏编码模型成功地描述了主视皮层 V1 区简单细胞编码外界视觉刺激图像的过程和特征,其编码方案能够满足电神经生理实验,但此算法采用随机初始化的基函数和特征系数,不利于找到一个较好的局部最优解,并且收敛速度慢,特别是对较高维的图像输入数据,其收敛速度尤其慢,所以研究者们提出了一些新的稀疏编码算法。Lee 提出了一种有效稀疏编码算法[117],大大提高了其运算速度,他们使用 l_1 稀疏惩罚函数,即 $\varphi(s_j) = \|s_j\|_1$ 或 $(s_j^2 + \varepsilon)^{1/2}$,通过迭代优化 l_1 正则化最小平方问题和 l_2 约束的最小平方问题来求解,其算法过程如下:

设 m 个输入向量 $x_1, x_2, \cdots, x_m$ 和对应的系数 $s_1, s_2, \cdots, s_m$,基向量和稀疏系数的估计就是解下面的优化问题

$$\min_{|b_j|, |s_i|} \sum_{i=1}^{m} \frac{1}{2\sigma^2} \| x_i - \sum_{j=1}^{n} b_j s_{ij} \|^2 + \beta \sum_{i=1}^{m} \sum_{j=1}^{n} \varphi(s_{ij}) \qquad (5-9)$$

$$\text{s.t. } \| b_j \|^2 \leqslant c, \forall j = 1, \cdots, n$$

可进一步简写为

$$\min_{\mathbf{B}, \mathbf{S}} \frac{1}{2\sigma^2} \| \mathbf{X} - \mathbf{BS} \|_2^2 + \beta \sum_{i,j} \varphi(S_{i,j}) \qquad (5-10)$$

$$\text{s.t. } \sum_i B_{i,j}^2 \leqslant c, \forall j = 1, \cdots, n$$

其中,$\mathbf{X} \in \mathbf{R}^{k \times m}$ 为输入矩阵(每列代表一个输入向量),$\mathbf{B} \in \mathbf{R}^{k \times n}$ 是基矩阵(每列代表一个基向量),$\mathbf{S} \in \mathbf{R}^{n \times m}$ 是系数矩阵(每列表示一个系数向量)。当固定 $\mathbf{B}$ 和 $\mathbf{S}$ 中一个参数,而优化另一个参数时,则该问题是凸优化问题。因而 Lee 通过交替固定 $\mathbf{B}$ 和 $\mathbf{S}$ 迭代优化上述的目标函数。

对于系数矩阵 $\mathbf{S}$ 的学习,固定 $\mathbf{B}$,那么该优化问题就是对每个系数

s_n进行优化估计

$$\min_{s_i} \| x_i - \boldsymbol{B}s_i \|_2^2 + (2\sigma^2\beta) \| s_i \|_1 \qquad (5-11)$$

这是对系数 s_i 进行 l_1 正则化最小平方问题,一般采用 QP 解,如凸优化(convex,CVX)、最小角度回归技术(least angle regression,LARS)等,而 Lee 提出了一种 feature-sign 搜索算法,有效地减少了计算代价和得到全局最优解。

对于基矩阵 $\boldsymbol{B}$ 的学习,固定 $\boldsymbol{S}$,则该问题成为二次约束的最小平方问题:

$$\min_{\boldsymbol{B}} \| \boldsymbol{X} - \boldsymbol{SB} \|_2^2$$
$$\text{s. t.} \sum_{i=1}^{k} B_{i,j}^2 \leq c, \ \forall j = 1, 2, \cdots, n \qquad (5-12)$$

Lee 则提出一种更有效的方法,使用 Lagrange 对偶问题进行求解。

还有一些研究者提出在线的基向量学习算法[118]和有监督的学习算法[119],以提高基向量学习的速度和判别性。

这种人类感知系统的有效编码机制,将其原理和理论应用到人工智能、计算机视觉和模式识别等领域中,为计算机具备类似人类的智能和解决问题的能力提供一种有效的研究手段。本章将在基于 BoF 的人体动作识别框架中利用稀疏编码算法来学习更具有判别性的码书,并且避免以往基于 BoF 的人体动作识别中采用 K-means 方法训练码书的各种弊端。

5.3　基于 BoF 的人体动作识别框架

基于 BoF 的人体动作识别的步骤一般为:兴趣点检测和表示、视觉码书的学习、直方图计算和识别。整个框架如图 5-1 所示。

① 兴趣点检测和表示:采用时空兴趣点检测方法提取兴趣点,并用局部描述子来表示兴趣点的 2D 小窗口或 3D 体(cuboid)。

② 码书的学习:采用 K-means 聚类算法将训练视频中提取的局部块描述子量化为码书(codebook)。

③ 直方图计算:用码书中的视觉单词表示视频中的局部块,然后计算每个视频的直方图(即基于 mean pooling 函数),作为视频人体动作描述子。

④ 识别:利用视觉单词直方图采用非线性分类器进行训练和识别。

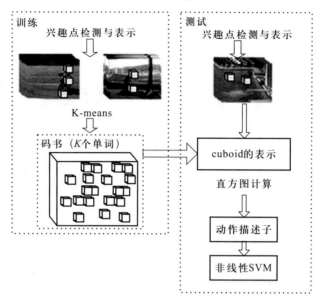

图 5-1　基于 BoF 的人体动作识别框架

5.4　基于稀疏编码的人体动作识别方法

基于 BoF 的人体动作识别方法中,码书的学习通常采用基于 K-means 的矢量量化方法。然而基于 K-means 方法很容易受到初始化和码书大小的影响,而且学习到的码书具有很大的冗余,不能准确地捕捉到视频中的突出信息。为了克服以上缺点,学习更有语义的码书,提高码书的判别性,本书提出了基于稀疏编码的人体动作识别(sparse coding based action recognition,SC-AR)方法。基于稀疏编码的人体动作识别框架与基于 BoF 的人体动作识别框架类似(如图 5-2 所示),但与之不同的是:

① 码书的学习采用稀疏编码的方法,以避免基于 K-means 的聚类算法对初始化和码书大小的影响,而且能学习到更具有语义和判别性的码书,捕捉到视频中的突出信息;

② cuboid 的表示是码书中视觉单词的稀疏表示,以便得到 cuboid 的最紧致且具有判别性的表示;

③ 视频人体动作描述子的计算根据生物视觉的研究,采用 max pooling 函数;

④ 采用线性分类器分类,以减少计算复杂度。

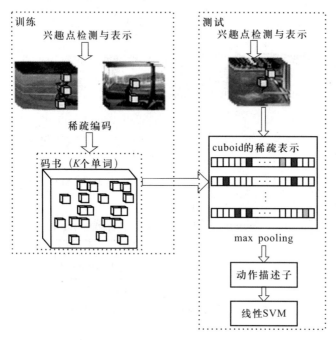

图 5-2 基于稀疏编码的人体动作识别框架

SC-AR 方法的主要步骤如下：

① 兴趣点检测和表示：采用时空兴趣点检测方法提取兴趣点，并用局部描述子来表示 3D 体(cuboid)。

② 码书的学习：利用稀疏编码算法将训练视频中的 cuboid 量化成 K 个视觉单词，构建视觉码书(codebook)。

③ cuboid 的稀疏表示：根据码书中的视觉单词采用稀疏编码算法计算每个 cuboid 的稀疏表示。

④ 人体动作描述子：对每个视频中所有 cuboid 的稀疏表示采用 max pooling 函数计算人体动作描述子。

⑤ 识别：利用线性 SVM 进行训练和识别。

5.4.1 特征检测和表示

特征检测和表示采用时空兴趣点检测方法检测每个人体动作视频中的兴趣点，然后以兴趣点为中心，沿 x、y、t 三个方向取一些像素，构成兴趣点的 3D cuboid。兴趣点检测方法可采用第 2.1.2 节介绍的方法或第 3 章提出的时空兴趣点检测方法。由于已有的很多人体动作识别方法采用的是 Dollar 等人提出的时空兴趣点检测算法[37]，因此为了与其他方法进行比较,本章采用 Dollar 等人提出的时空兴趣点检测算法提取人体动作视频中的时空兴趣点和 cuboid,对每个 cuboid 采用简单的梯度特征进行描述,将其展开,得到一个高维向量,然后用 PCA 降维后的向量作为 cuboid 的描述子。

5.4.2 基于稀疏编码的码书学习

假设训练集中提取到的 cuboid 的特征数据集 $X = [x_1, \cdots, x_N]^T \in R^{N \times D}$,其中,$N$ 为特征个数,D 为维数,x_i 表示一个 cuboid 的特征。那么在基于 BoF 的方法中,码书的学习采用 K-means 的聚类方法,视觉码书的学习就是解

$$\min_{B} \sum_{n=1}^{N} \min_{k=1, \cdots, K} \| x_n - b_k \|_2^2 \qquad (5-13)$$

其中,$\boldsymbol{B} = (b_1, \cdots, b_K)^T$ 为 K-means 的聚类中心,也就是要求解的视觉码书,K 为聚类个数,即视觉码书中视觉单词个数。该问题也可转换为带系数 $\boldsymbol{S} = (s_1, \cdots, s_N)^T$ 的矩阵因子分解问题

$$\min_{B, S} \sum_{n=1}^{N} \| x_n - \boldsymbol{B}^T s_n \|_2^2 \qquad (5-14)$$
$$\text{s. t.} \quad \| s_n \|_1 = 1, \ s_n \geqslant 0, \ \forall n = 1, \cdots, N$$

其中,$\| s_n \|_1$ 是 s_n 的 l_1 范数,表示 s_n 中所有元素绝对值的和,$\| s_n \|_1 = 1$ 表示 s_n 中只有一个元素为非零,也就是每个 cuboid 仅仅由一个最接近的视觉单词来表示;$s_n \geqslant 0$ 表示 s_n 中所有元素是非负的。

从式(5-14)可以看出,每个 cuboid 仅仅由一个最接近的视觉单词来表示。这种表示不能准确地捕捉到每个 cuboid 特征的信息,而且产生的码书具有很大的冗余。因为每个 cuboid 中不可能只含有一个视觉单词的特征,$\| s_n \|_1 = 1$ 这种约束太强,所以采用基于稀疏编码的码书学习方法[113],松弛了 $\| s_n \|_1 = 1$ 的约束,对 s_n 加 l_1 范数正则化约束,使得 s_n 中有少数的非零元素,也就是每个 cuboid 由最少的具有判别力的视觉单词来表示,从而能更准确地捕捉到每个 cuboid 中的突出信息,将方程式(5-14)的优化问题转换成

$$\min_{B, S} \sum_{n=1}^{N} \| x_n - \boldsymbol{B}^T s_n \|_2^2 + \lambda \| s_n \|_1 \qquad (5-15)$$
$$\text{s. t.} \quad \| b_k \|_2 \leqslant 1, \ \forall k = 1, 2, \cdots, K$$

而该优化问题实际上就是带 l_1 稀疏惩罚函数的稀疏编码问题,视觉码书 $\boldsymbol{B}$ 就是稀疏编码中的超完备基,$K > D$。因此视觉码书 $\boldsymbol{B}$ 就可通

过 Lee 等人提出的稀疏编码算法[117]来求解,通过交替固定系数 S 和基向量 B 优化以上的目标函数。对于系数矩阵 S,固定 B,对每个系数 s_n 进行优化估计,求解方程

$$\min_{s_n} \| x_n - B^{\mathrm{T}} s_n \|_2^2 + \lambda \| s_n \|_1 \qquad (5-16)$$

这实际上是一个对系数 s_n 进行 l_1 范数正则化的线性回归问题,所以该优化问题可通过 Lee 提出的 feature-sign 搜索算法[117]求解。对于码书 B 的学习,固定 S,求解二次约束的最小平方问题

$$\min_{B} \| X - SB \|_2^2$$
$$\text{s.t.} \quad \| b_k \|_2 \leqslant 1, \ \forall k = 1, 2, \cdots, K \qquad (5-17)$$

通过求解 Lagrange 对偶问题来实现[118]。所以,使用训练数据 cuboid 的梯度描述子,采用 Lee 等人提出的稀疏编码算法,通过交替优化方程式(5-16)和式(5-17)训练视觉码书。

码书形成后,每个 cuboid 就可用码书中的视觉单词表示。在基于 K-means 的方法中,每个 cuboid 仅仅由一个最接近的视觉单词来表示,这种表示不能准确地捕捉到视频 cuboid 的信息。

采用稀疏表示的方法来计算每个 cuboid 的描述,每个 cuboid 由少量几个视觉单词表示,其计算就是解下面 l_1 范数最小化问题

$$\min_{s_n} \| s_n \|_1 \quad \text{s.t.} \ B^{\mathrm{T}} s_n = x_n \qquad (5-18)$$

该凸优化问题可转化成方程式(5-16)的优化问题[120],所以通过优化方程式(5-16)估计参数 s_n,得到的 s_n 作为 cuboid 的稀疏表示。

基于稀疏表示的方法能自适应地选择最少视觉单词来表示每个 cuboid,而不像基于 K-means 方法中仅仅选择一个最接近的视觉单词,所以基于稀疏表示的方法可得到每个 cuboid 的最紧致且具有判别力的表示,准确地捕捉到视频 cuboid 中的具有判别力的突出信息。

5.4.3 基于 max pooling 的人体动作描述子

在基于 BoF 的人体动作识别中,人体动作描述子基本上都采用直方图表示。设视频中包含 N 个 cuboid,通过优化方程式(5-14)得到系数矩阵 $S = (s_1, \cdots, s_N)^{\mathrm{T}}$,则该视频的人体动作描述子 z 表示为

$$z = \frac{1}{N} \sum_{n=1}^{N} s_n \qquad (5-19)$$

这种表示是生物视觉系统中典型的 sum pooling 模型。在生物视觉系统中,有两种 pooling 机制的模型 sum pooling 和 max pooling,不同的 pooling 函数构建了不同的图像统计特性。然而,Riesenhuber 对生物

视觉系统中目标识别的研究[121]和 Hamker 等人的研究表明, max poo-ling 比 sum pooling 具有更鲁棒的特征检测性能[122], 而且已经很好地应用于目标识别[123]和图像分类[113], 因此采用 max pooling 函数来计算每个视频人体动作描述子。设 $S = (s_1, \cdots, s_N)^T$ 为通过优化方程式 (5-16) 得到的视频中 N 个 cuboid 的稀疏表示, 则基于 max pooling 的人体动作描述子 z 表示为

$$z_i = \max\{|s_{1,i}|, |s_{2,i}|, \cdots, |s_{N,i}|\} \qquad (5\text{-}20)$$

其中, z_i 表示 z 中第 i 个元素, $s_{n,i}$ 表示第 n 个 cuboid 的稀疏表示 s_n 中的第 i 个元素。

5.5 基于稀疏编码的时空金字塔匹配

传统的基于 BoF 的方法没有考虑视觉单词之间的空间关系, 使得一些有用的空间结构信息丢失, Lazebnik 扩展了基于单词袋的模型, 提出了空间金字塔匹配模型[49]。Choi 等人为了考虑视频中的时间信息和空间结构, 提出了时空金字塔匹配 (spatio-temporal pyramid matching, STPM) 模型[50]。同样, 为了使得第 4.4 节得到的视频人体动作描述子考虑视频中的时间信息和空间结构, 充分地描述视频中的人体动作信息, 本节进一步提出了基于稀疏编码的时空金字塔匹配模型。

5.5.1 时空金字塔匹配

STPM 是空间金字塔匹配 (spatial pyramid matching, SPM) 到 3D 的扩展 (如图 5-3 所示), 已经成功地应用于运动视频分类[50]。其为 L 层的金字塔结构, 从空间和时间域将视频分成 3D 的 grids, $l \in [0, L]$ 层的每维分为 2^l 个子格, 第 l 层被分成 l^3 个 grids。STPM 匹配核使用直方图交叉核找到每层的匹配数, 并对每 l 层赋上 $\frac{1}{2^{l-1}}$ 的权值, 定义为

$$\kappa(X, Y) = \Gamma^L + \sum_{l=1}^{L-1} \frac{\Gamma^l - \Gamma^{l+1}}{2^{L-1}} = \sum_{l=1}^{L} \frac{1}{2^{L-l+1}} \Gamma^l + \frac{1}{2^L} \Gamma^0 \quad (5\text{-}21)$$

Γ^l 表示第 l 层两个视频 (X 和 Y) 之间的匹配的特征数。假设 H_X^l 和 H_Y^l 分别表示第 l 层 X 和 Y 的直方图, $H_X^l(i)$ 和 $H_Y^l(i)$ 表示 X 和 Y 中第 i 个 grid 的点数, 则第 l 层的匹配数 Γ^l 由直方图交叉函数给定, 为每个 bin

中两个直方图的最小值的总和。

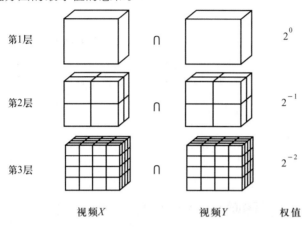

图 5-3 时空金字塔匹配结构

然而,使用直方图交叉核的 SVM 分类器训练代价很大,计算复杂度为 $O(n^3)$,存储量为 $O(n^2)$,当训练数据集比较大时将无法运行。因此,对基于稀疏编码的线性 SPM[113] 进行扩展,提出了基于 max pooling 的时空金字塔匹配(STPM)。

5.5.2 基于 max pooling 的时空金字塔匹配

基于 max pooling 的 STPM 结构与第 5.5.1 节介绍的 STPM 类似,也是 L 层的金字塔结构,从空间和时间域将视频分成 3D 的网格,每 $l \in [0, L]$ 层的每维分为 2^l 个子格,第 l 层被分成 l^3 个网格。但与 STPM 不同的是,每个 grid 的统计特征不是直方图,而是对每个 grid 中的所有 cuboid 的稀疏表示采用 max pooling 函数,视频的人体动作描述子则由各时空尺度的 grid 的 max pooling 特征连接而成,如图 5-4 所示。匹配核则采用线性 STPM 核,定义为:

$$\kappa \langle z_i, z_j \rangle = z_i^T z_j = \sum_{l=0}^{L} \sum_{t=1}^{2^l} \sum_{x=1}^{2^l} \sum_{y=1}^{2^l} \langle z_i^l(x,y,t), z_j^l(x,y,t) \rangle \quad (5-22)$$

其中,$\langle z_i, z_j \rangle = z_i^T z_j$,$z_i^l(x,y,t)$ 表示第 i 个视频第 l 层中时空维上分别是第 t、x、y 的 grid 的 max pooling 特征。与 STPM 一样,每层也可赋予相应的权值。

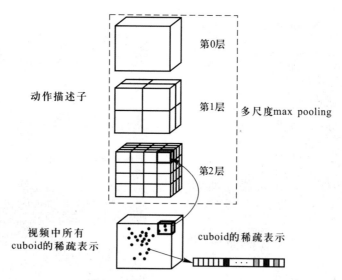

图 5-4 基于 max pooling 的 STPM

5.6 实验与分析

为了验证算法的有效性,本章在两个公开的大型人体动作数据集 KTH[44]和 YouTube[63]上进行实验、对比和分析。KTH 是人体动作识别方法中最常用于识别性能评价的基准数据集,场景相对简单。Liu 等人2009 年收集了一个更复杂、更具有挑战性的 YouTube 数据集,用于公开评价人体动作识别方法在复杂现实场景下的识别性能。因此,为了统一进行评价,本章以这两个数据集作为实验数据。

KTH 数据集[44]由 Schuldt 提供,包含 25 个表演者在 4 种不同场景(包括室内、户外、衣着变化和尺度变化)中的 6 类人体动作:拳击(boxing)、拍手(hand clapping)、挥手(hand waving)、慢跑(jogging)、跑步(running)和行走(walking),总共包含 598 个视频。每个视频采样为25 Hz,时长为 10~15 s,图像大小为 160×120 像素。

YouTube 数据集[63]是完全不受控制的现实环境下的视频,具有以下特性:① 摄像机运动;② 杂乱背景;③ 各种不同的体型大小、表观、姿态;④ 光照变化;⑤ 视角变化;⑥ 低分辨率。包含 11 类人体动作:basketball shooting(shooting)、volleyball spiking(spiking)、trampoline jumping(jumping)、soccer juggling(juggling)、horse back riding(riding)、biking、diving、swinging、golf swinging(golf)、tennis swinging(tennis)和 walking with a dog(walking)。如图 5-5 所示,共 1168 个视频。

图 5-5　YouTube 数据集的示例

5.6.1　实验设置

在 KTH 数据集中,每个视频提取了 200 个 cuboid,兴趣点检测中的参数 $\sigma=1,\tau=2$,cuboid 的大小为 7×7×13,使用梯度特征作为 cuboid 描述子,PCA 降维为 50。在稀疏编码方法中,控制稀疏度的参数 λ 设置为 0.1 ~ 0.2,随机选取了 6 个表演者的视频训练视觉码书。在 K-means 方法中,直方图的计算采用了软最小化方法,使得每个 cuboid 由多个码字表示,采用了直方图交叉核的 SVM 分类器[119],而稀疏编码方法中采用线性 SVM 作为分类器[108]。识别时利用留一交叉验证(leave one out cross validation,LOOCV)的方法,也就是实验中的识别率为运行 25 次的平均值。

为了进行对比,YouTube 数据集的实验设置与 Liu 等文中的类似,每个视频提取了 400 个 cuboid,参数 $\sigma=2,\tau=4$,cuboid 的大小为 13×13×25。随机选取了 3 个表演者中的 60 000 个 cuboid 训练视觉码书。

分类器与 KTH 数据集中的一样,K-means 方法采用了直方图交叉核的 SVM 分类器,而稀疏编码方法中采用线性 SVM 作为分类器,采用留一交叉验证(LOOCV)的方法。

5.6.2 KTH数据集上的实验

在该数据集上进行以下实验:

① 比较了本书算法与基于 K-means 算法在各种码书大小情况下的识别率;

② 与该数据集上现有算法进行比较。

1. 本书算法与基于 K-means 算法的比较

在该实验中,对本书提出的基于稀疏编码的人体动作识别方法和基于 K-means 的人体动作识别方法在码书大小分别为 50、100、200、400 和 600 的情况下进行了对比分析,包括以下几种方法:

① K-AR(K-means based action recognition):常用的基于 K-means 的人体动作识别,采用直方图交叉核的非线性 SVM 分类器。

② SC-AR(sparse coding based action recognition):基于稀疏编码的人体动作识别,采用线性 SVM。

③ KSTPM-AR(spatio-temporal pyramid matching using K-means for action recognition):基于 K-means 的时空金字塔匹配的人体动作识别,采用直方图交叉核的非线性 SVM 分类器。

④ SCSTPM-AR+max(spatio-temporal pyramid matching using sparse coding for action recognition):基于稀疏编码的时空金字塔匹配的人体动作识别,基于 max pooling 计算人体动作描述子,采用线性分类器。

⑤ SCSTPM-AR+sum:基于稀疏编码的时空金字塔匹配的人体动作识别,基于 sum pooling 计算人体动作描述子,采用线性分类器。

图 5-6 给出了对比结果,实验结果表明:

① 不管是否使用时空金字塔匹配,在各种码书大小的情况下,基于稀疏编码的人体动作识别方法均比基于 K-means 的人体动作识别方法获得了更高的识别率,证明基于稀疏编码的方法能学习到更具有判别性的码书,可提高分类性能。

② 基于稀疏编码的人体动作识别方法随着码书的增大,识别率逐渐提高。但基于 K-means 的方法则不然,开始阶段识别率逐渐提高,随着码书的增大,识别率呈下降趋势。证明基于 K-means 的人体动作识别方法受码书大小的影响很大,不能确定多大的码书才是最优的。

③ KSTPM-AR 和 SCSTPM-AR 均比 K-AR 和 SC-AR 获得了更好的

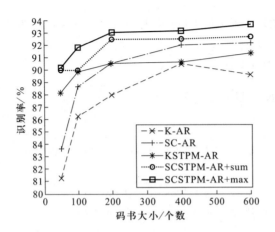

图 5-6 K-AR、SC-AR、KSTPM-AR、SCSTPM-AR+sum 和 SCSTPM-AR+max 的性能比较

性能。该结果表明,采用时空金字塔匹配能更充分地捕捉到视频中人体运动的时空结构信息。

④ 在各种码书大小下,SCSTPM-AR+max 均比 SCSTPM-AR+sum 获得更高的识别率,进一步验证了采用 max pooling 计算人体动作描述子的优越性,这是因为 max pooling 对局部变化具有更好的鲁棒性。

⑤ SCSTPM-AR+max 获得了最好的识别率,而且在各种码书大小(即便是 codebook 大小为 50)下均取得了 90% 以上的识别率。

进一步比较 $K=1\,000$ 时的性能,由于 $K>600$ 时 KSTPM-AR 分类无法进行,会出现计算机内存不足的问题,证明直方图交叉核分类器需要非常大的计算代价和存储量,所以只对 K-AR、SC-AR 和 SCSTPM-AR+max 的识别率进行比较:K-AR、SC-AR 和 SCSTPM-AR+max 分别获得了 90.13%、93.81% 和 94.14% 的平均识别率。图 5-7 给出了 K-AR、SC-AR 和 SCSTPM-AR+max 的识别率混淆表。

从图 5-7 可以看出,对于每类人体动作,基于稀疏编码的方法比基于 K-means 的方法都具有更高的识别率,而且在基于 K-means 的人体动作识别(K-AR)方法中,脚相关的人体动作("jogging"、"running"和"walking")竟然与手相关的人体动作("boxing"、"clapping"和"waving")发生混淆,但基于稀疏编码的方法(SC-AR 和 SCSTPM+max)中,仅仅是脚相关的人体动作彼此混淆或手相关的人体动作彼此混淆。这表明基于稀疏编码的方法更能捕捉到视频中的突出信息,可得到更具有判别性的表示。在图 5-7(c)中,"boxing"人体动作就不会与其他两种人体动作("clapping"和"waving")相混淆,因为"boxing"人体动作从时序上考虑,其运动方向与其他两类人体动作是不一样的,这表明SCSTPM+max 确实更能考虑到局部描述子之间的时空信息。而"jogging"和"running"人体动作只存在速率上的不一样,因此还是容易发生混淆。

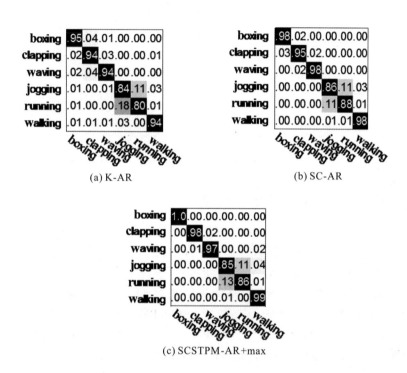

(a) K-AR

(b) SC-AR

(c) SCSTPM-AR+max

图 5-7 K-AR、SC-AR 和 SCSTPM-AR+max 的识别率混淆表

2. 与该数据集上现有算法的比较

这个实验比较目前人体动作识别中已提出的码书构建方法。Wong[58] 利用 pLSA 的构建码书的方法以及 Liu 等人提出的扩散距离(DD)[115] 和最大互信息(MMI)[114] 的构建方法,并且也对比了本书算法 SCSTPM-AR 与 KTH 数据集上现有算法的识别率,表 5-1 给出了对比结果。实验结果表明本书的算法超出了大多数现有的算法,接近目前最好的识别率。

表 5-1 本算法与 KTH 数据集上现有算法的比较

方法	识别率/%
MMI[114]	94.3
SCSTPM-AR	**94.14**

续表

方法	识别率/%
SC-AR	**93.81**
DD[115]	92.30
pLSA ISM[58]	83.92
WX SVM[58]	91.60
pLSA[58]	81.50
Laptev[46]	91.80
Dollar[37]	80.66
Schüldt[44]	71.71

5.6.3 YouTube数据集上的实验

该实验评价 KSTPM-AR 和 SCSTPM-AR 在更复杂的现实视频中的性能,而且与 YouTube 数据库上已有的 Liu 的方法[63]进行了比较。实验中码书大小设置为400。

KSTPM-AR 和 SCSTPM-AR 分别获得58.48% 和65.92% 的平均识别率,与 KSTPM-AR 相比,SCSTPM-AR 提高了 7% 以上的识别率。图 5-8 给出了 KSTPM-AR 和 SCSTPM-AR 的识别率混淆表。从图 5-8 中可知,SCSTPM-AR 中所有人体动作类的识别率都得到改善,特别是"diving"、"riding"、"swinging"和"walking"人体动作类,比 KSTPM-AR 提高了 10% ~ 20%。以上结果表明,在复杂现实视频中,SCSTPM-AR 比 KSTPM-AR 具有更优的性能。

然后进一步与 YouTube 数据库上已有的 Liu 的方法[63]进行了比较。Liu 采用了分解式信息论方法(divisive information-theoretic)训练码书,首先采用 K-means 方法训练 2 000 大小的初始码书,然后再使用分解式信息论方法进一步学习更有语义的码书,未对运动特征进行修剪获得 57.5% 的平均识别率,对运动特征进行了修剪后获得 65.4% 最好的运动识别率。而本书的方法在未对运动特征进行修剪的情况下获得了 65.92% 的平均识别率。

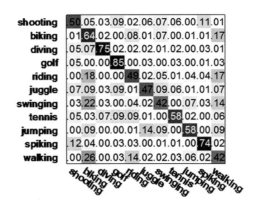

(a)KSTPM-AR

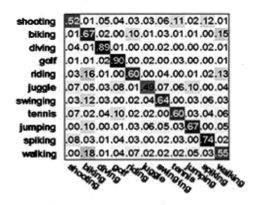

(b)SCSTPM-AR

图5-8 KSTPM-AR 和 SCSTPM-AR 的识别率混淆表

5.7 本章小结

    局部表示一般都使用基于 BoF 的识别模型,已被广泛使用于人体动识别中。在基于 BoF 的人体动作识别方法中,码书的学习是其中主要的步骤之一,而且学习到的码书大小和视觉单词都将大大影响最后的识别性能。目前大多数方法通常采用基于 K-means 的方法,然而基于 K-means 方法很容易受到初始化和码书大小的影响,且学习到的码书具有很大的冗余。针对这些问题,本书提出了基于稀疏编码的方法学习人体动作码书,每个特征由最少数几个具有判别力的视觉单词来表示,而不像 K-means 方法中仅仅一个,从而更能准确地捕捉到每个特征中的充分信息,得到更具有判别性的码书,避免了 K-means 方法中初始化的问题。

由于传统的基于 BoF 的识别方法并没有考虑视频中的时空结构关系,为了考虑视频中的时间信息和空间结构,充分地描述视频中的人体动作信息,本章根据生物视觉系统中目标识别的研究结果,进一步提出了一种更符合生物视觉系统机制的基于 max pooling 的时空金字塔匹配模型,从而不但捕捉到视频人体动作在时空关系上的特征,而且通过max pooling 函数提取到更突出的信息。相比传统方法中的 sum pooling机制,该方法不但有效地降低了计算复杂度,而且提高了识别率。

最后在公开数据集上进行验证。实验结果表明,基于稀疏编码的方法均比基于 K-means 的方法获得了更高的识别率,特别在复杂现实视频中提高了 7% 以上的识别率,其中很多人体动作改进了 10% ~ 20% 的识别性能。而且,采用时空金字塔匹配的方法比没有考虑时空关系的方法可获得更高的识别率。同样也验证了采用 max pooling 计算人体动作描述子的优越性,基于 max pooling 机制的方法优于基于 sum pooling 机制的方法。

第6章　视角无关的人体动作识别的研究

6.1　引言

　　在复杂场景下的人体动作识别中,视频来自各种视频源,特别是互联网上的视频,由不同的人在各种场景下拍摄的,所以无法约束人体关于摄像机的视角和方向,也无法固定视角数,从而相同的人体动作导致无数可能的观测结果,因而视角变化的问题是复杂场景下研究的关键问题之一。然而现有方法大多数都在固定视角下通过侧影进行点对应或重构得到的视角无关全局表示,因而不适合不受控制环境下的未知视角的识别,而且全局表示的底层特征在复杂场景下难以提取。局部表示使用局部时空特征来表示视频人体动作,不需要背景减除,能对少量人体表观、视角变化、部分遮挡和光照变化保持不变,适合复杂现实场景下的人体动作表示,然而大多数局部表示都采用人体的表观特征(像素、梯度、光流),对于视角变化较大的情况不可行,没有考虑人体动作在时序上的动态性,而动态性(dynamic)是人体的固有特征,是人体动作的一种主要特性,可以说人就是一个动态系统,所以利用动态系统对人体动作建模是非常有效的方法。

　　线性动态系统(LDSs)为时序上的动态性建模提供了一种通用而强有力的框架,过去几年在计算机视觉领域引起了广大的关注,主要应用于人体步态、动态纹理、人脸运动、嘴唇的合成、分割和识别。而最近两年在人体动作识别领域,也提出了利用 LDSs 对人体动作建模的方法。Turaga 采用级联动态系统对人体行为建模,提出了视角和执行率不变的动态模型聚类方法[71]随后在文献[125]中提出利用局部时不变动态模型对复杂人体行为的建模和识别方法,将 LDS 模型空间表示为 Grassmann 流形,时变线性动态系统定义为 Grassmann 流形上的轨迹,并给出了 Grassmann 流形上轨迹的距离度量和统计方法。Chaudhry 使用全局的光流直方图作为每帧的特征,提出了扩展的 Binet-Cauchy kernels 用于非线性动态系统(nonlinear dynamical systems, NLDS),用于人体动作的识别[96]。以上的人体动作识别方法都采用关节角轨迹或全局特征(光流)进行建模,但在复杂场景下这些特征都是难以获取的,因而不适合复杂场景下的人体动作识别。

针对以上这些问题,本章提出一种新的视角无关的人体动作识别方法:利用动态纹理识别的方法[95],采用基于 BoF 的识别模型,但时空兴趣点的局部描述子不是采用的以往的表观特征,而是利用局部动态性作为特征,对局部块采用线性动态系统进行建模,将得到的模型参数作为局部表示。这种方法既考虑到人体动作的动态性,又对少量人体表观、部分遮挡、光照变化保持不变,而且利用时序上的动态性作为局部表示,充分捕捉到人体动作变化的过程,而不是仅考虑人体表观的各种特征,从而有效避免了表观特征对视角变化的敏感性,有效地实现了视角无关的人体动作识别。

6.2　视角无关的人体动作识别的研究现状

摄像机位置的不固定导致了各种不同的视角,而各种视角下人体动作表观有很大不同,同时移动摄像机导致的动态视角变化使得动作表观也受到很大的影响,视角变化的问题在计算机视觉研究中是非常具有挑战性的问题。视角无关的动作识别方法不是估计模型和观测之间的视角变换,而是搜索视角变化时保持不变的动作特征和匹配函数。

最简单的视角不变表示就是基于直方图,不是在固定网格中表示图像特征,而是存储特征出现的频率。Zelnik-Manor 和 Irani 使用直方图表示时空梯度的分布[126],但是这种表示仅仅保持图像平面变化的不变性。

点对应(poin correspondences)常被用于观测之间的视角不变匹配,如图 6-1 所示。Rao 认为 3D 轨迹的位置、速度和加速度中的连续和间断仍会保持在 2D 投影中,采用 2D 轨迹的时空曲率计算 dynamic instants 动作的视角不变表示,然后利用两个动作的 dynamic instants 构建的矩阵的特征值形成视角不变的匹配函数[127]。Yilmaz 和 Shah 扩展了静态的对极几何(epipolar geometry),提出了动态的对极几何,通过点对应来估计动态对极几何,然后利用对极几何约束所有的点对应,通过几何质量计算视角之间的匹配代价,而几何质量的评价通过对称几何距离来衡量[128]。Parameswaran and Chellappa 利用人体的 6 个关节点,计算每个姿态的几何不变量,用于测量关节点之间的匹配不变性[129]。

以上基于点对应的方法都需要先检测到人体的关节点或对应点,然而在现实视频中自动获得可靠的对应点是非常具有挑战性和困难的,这是目前还未解决的问题,因此这种方法无法在现实场景的视频中应用。

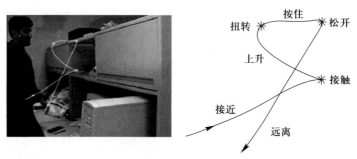

图 6-1 基于点对应的人体动作识别方法

另一种几何的方法不依赖人体关节点模型和点对应,通过记录各个不同视角的样本表示动作,创建各种视角下的人体姿态库,从测试动作中提取人体侧影,然后与姿态库中的姿态进行匹配来识别人体动作[129]。该方法的缺点是每个动作需要大量各种视角的训练样本来表示。

最近研究者提出基于 3D 重构的方法进行各视角下不变的动作识别方法。Weinland 算法[74]首先通过背景减除的方法提取各个视角的侧影,根据多个视角的侧影学习 3D 样例,如图 6-2 所示,然后对 3D 样例进行筛选并用概率模型对动作和视角进行建模,识别时将 3D 样例投影成 2D 的侧影与图像观测进行比较。该方法根据多个视角下的侧影进行 3D 重构,要求设置多个摄像机或需要在多个视角下的姿态上进行训练,这在实际应用中也是不可行的。杨提出的视角无关算法[20]首先采用背景剔除、阴影消除和滤波提取视频前景;提取兴趣点的梯度特征和人体形状的 Zernike 前 10 阶矩特征,并根据相应的代码字典得到形状字典向量和兴趣点字典向量,然后结合形状字典向量和兴趣点字典向量,形成加权字典向量的描述;最后,根据运动捕获、点云等三维

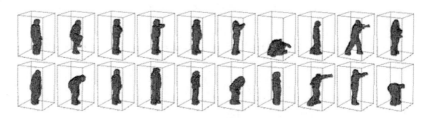

图 6-2 Weinland 算法重构的 3D 样例

运动数据构建能量曲线,提取关键姿势,生成基本运动单元,通过自连接、向前连接和向后连接 3 种连接方式构成有向图,根据节点近邻规则建立动作图,通过 Naïve Bayes 训练动作图模型,采用 Viterbi 算法计算视频与动作图的匹配度,根据最大匹配度标定视频序列。

以上视角无关的动作识别方法都在已知固定视角的情况下通过点对应或重构进行识别,然而这种情况对现实场景下的动作识别是不实际的,因为现实场景下的视频是未知视角的。因此本章主要解决现实场景下任意视角下的人体动作识别,并能对未知视角下的人体动作进行识别,本章采用线性动态系统捕捉人体动作的动态性特征作为视角无关的表示,与以上方法相比,该方法不用进行人体关节点估计和匹配,也不需要大量各种视角下的训练样本,还可对未知视角下的动作进行识别,更适合于现实场景中视角不固定情况下的人体动作识别。

6.3 线性动态系统

线性动态系统是一个时序上的状态空间模型,包含一个线性高斯动态模型和一个线性高斯观测模型。在统计学中,是一种贝叶斯(Bayesian)模型的特殊形式,其中隐变量由马尔可夫链连接,相近的隐变量之间是线性关系,而且观测与对应的隐变量之间也是线性关系,这些约束确保了所有的隐变量和观测都是高斯分布。线性动态系统如图 6-3 所示。第一层的马尔可夫链表示连续隐状态 x_t 的状态演变,初始状态 x_0 的先验概率密度 p_1 假定是均值为 μ_1 和协方差为 Σ_1 的正态分布,即 $x_1 \sim N(\mu_1, \Sigma_1)$。

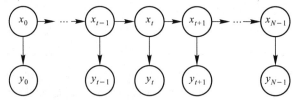

图 6-3 线性动态系统(LDSs)

一个线性动态系统(LDSs)通过模型 $M = (x_0, \mu, A, C, B, R)$ 和以下方程来表示

$$\begin{cases} x_{t+1} = Ax_t + Bv_t \\ y_t = \mu + Cx_t + w_t \end{cases} \tag{6-1}$$

其中,$x_t \in R^n$ 表示 LDSs 在 t 时刻的状态;$y_t \in R^p$ 表示 t 时刻观测输

出(特征);x_0 表示 LDSs 的初始状态;$\mu \in R^p$ 表示图像序列特征 $\{y_t\}_{t=0}^{N-1}$ 的均值;$A \in R^{n \times n}$ 是状态转移矩阵,描述了状态演变的动态性;$C \in R^{p \times n}$ 是测量矩阵,描述了状态到观测输出(特征)的变换;$B \in R^{n \times n_v}$ 描述了状态演变的噪声模型;$v_t \in R^{n_v}$ 和 $w_t \in R^p$ 分别表示 t 时刻的系统噪声和观测噪声,一般假定 $v_t \sim N(0, R)$ 和 $w_t \sim N(0, Q)$。一般 $n_v \leq n$ 和 $n \ll p$。

对于非刚体动态场景的识别(如人体行为、动态纹理和嘴唇等),传统的识别方法是识别单个图像中的目标和场景,甚至现有的很多目标识别算法能处理表观、姿态和目标尺度的变化程度,但还是没有考虑目标时间上变化的动态性。如人体动作识别[15]能检测单帧图像中的人体轮廓和视频序列中的人体动作姿态,但是这些算法还是没有考虑姿态在时间上的动态性。而线性动态系统为这种动态场景时序上的演变建模提供了强有力的工具和通用框架,已经在合成、分割和人体姿态、动态纹理、人脸运动和嘴唇识别等领域得到应用[92]。

给定视频序列,首先提取视频特征(如人体运动的关节角,灰度、轮廓或点轨迹等),线性动态系统对动态场景的建模就是假定这些特征是 LDSs 的输出,即:动态过程中的观测特征建模为线性高斯–马尔可夫(Gauss-Markov)随机过程的连续状态的线性变换。那么,给定观测特征 $\{y_t\}_{t=0}^{N-1}$ 的 LDSs 模型后,下面的任务就是识别 LDSs 模型参数和定义模型参数之间的距离度量。模型参数之间的距离度量的选择是非常重要的,因为 LDSs 空间不是欧几里得空间,要定义一种好的度量是非常难的,因为模型参数流形上的度量没有闭式解,因此研究者们提出了以下几种度量方法:

① 几何方法:利用观测子空间之间的子空间角。

② 代数方法:通过系统输出的内积推导的度量——Binet-Cauchy 核。

③ 信息论方法:利用输出过程的概率分布之间的 KL 散度。

下面分别对目前主要的模型参数估计方法和距离度量方法进行简要的介绍,并详细介绍本书采用的方法。

6.3.1 模型参数估计

目前的模型参数估计方法包括基于期望最大化(expectation-maximization,EM)的方法[88]、状态空间子空间系统辨识的数值算法(numerical algorithm for subspace state space system identification,N4SID)[89] 和基于 PCA 的方法[90]。

1. 基于 EM 的方法

基于 EM 的方法把 LDSs 作为产生式概率模型,通过基于 EM 的最大似然和 Kalman 平滑估计迭代推导模型参数。状态分布和输出观测的条件概率分布分别定义为

$$p(x_t | x_{t-1}) = G(x_t, A x_{t-1}, R)$$
$$p(y_t | x_t) = G(y_t, C x_t, Q) \tag{6-2}$$

给定初始状态的条件 $p(x_0)$,则状态和输出观测的联合分布定义为

$$p(x_0^{N-1}, y_0^{N-1}) = p(x_0) \prod_{t=1}^{N-1} p(x_t | x_{t-1}) \prod_{t=0}^{N-1} p(y_t | x_t) \tag{6-3}$$

然后根据输出观测基于 EM 估计状态和参数。

2. N4SID

N4SID 基于线性代数方法,利用输出观测的 Hankel 矩阵的子空间算法求解模型参数。与基于 EM 方法相比,该方法不用迭代优化估计,得到闭式解,但当输出观测的维数很大时,该方法计算代价非常高。

3. 基于 PCA 的方法

为了解决 N4SID 计算复杂度高的问题,Doretto 提出了一种基于 PCA 模型参数估计方法[90],该方法能快速得到模型参数的次优解。给定观测输出(特征)$\{y_t\}_{t=0}^{N-1}$,首先对其进行奇异值分解(singular value decomposition, SVD)

$$[y_0 - \mu, y_1 - \mu, \cdots, y_{N-1} - \mu] = U \sum V^{\mathrm{T}} \tag{6-4}$$

那么

$$
\begin{aligned}
C &= U \\
X_0^{N-1} &= \sum V^{\mathrm{T}} \\
A &= X_1^{N-1} (X_0^{N-2})^{pinv}
\end{aligned} \tag{6-5}
$$

其中,$X_0^{N-1} = [x_0, x_1, \cdots, x_{N-1}]$。

该方法相对简单有效,所以经常被使用。

由于对于动态系统的输出观测和动态性一般由参数 (A, C) 确定 $A \in R^{n \times n}$ 是状态转移矩阵,描述了状态演变的动态性;$C \in R^{p \times n}$ 是测量矩阵。所以,一般只关注这两个参数,将模型参数表示为 $M = (A, C)$。

6.3.2 距离度量

LDSs 空间不是欧几里德空间,为了测量 LDSs 空间之间的相似性,需要定义某种距离度量方法。目前已有的度量方法大致可以分为三类:

① 基于子空间角的几何距离度量方法[91]；

② 基于 Binet-Cauchy 核的代数度量方法[132]；

③ 基于 KL 散度(Kullback-Leibler divergence)的信息论方法[133]。

其中最常使用的就是基于子空间角的几何距离度量方法，这也是本书所使用的方法，所以下面介绍一下基于子空间角的几何距离度量方法。

在介绍 LDSs 空间之间的距离度量方法之前，先介绍一下子空间之间主角的概念以及如何求解两个子空间之间的主角。设 $A \in R^{m \times p}$ 和 $B \in R^{m \times q}$, $p \geqslant q$，则 A 和 B 列空间之间的主角定义为

$$\cos \theta_1 = \max_{x,y} \frac{|x^T A^T B y|}{\|Ax\|_2 \|By\|_2} = \frac{|x_1^T A^T B y_1|}{\|Ax_1\|_2 \|By_1\|_2}$$

$$\cos \theta_k = \max_{x,y} \frac{|x^T A^T B y|}{\|Ax\|_2 \|By\|_2} = \frac{|x_k^T A^T B y_k|}{\|Ax_k\|_2 \|By_k\|_2}, k = 2, \cdots, q$$

$$\text{s. t.} \quad x_i^T A^T A x = 0 \text{ 和 } y_i^T B^T B y = 0, \ \forall i = 1, 2, \cdots, k-1$$

$$0 \leqslant \theta_1 \leqslant \cdots \leqslant \theta_q \leqslant \pi/2$$

$$(6-6)$$

该问题可转换成以下的对称广义特征值问题：

$$\begin{pmatrix} 0 & A^T B \\ B^T A & 0 \end{pmatrix} \begin{pmatrix} x \\ y \end{pmatrix} = \begin{pmatrix} A^T A & 0 \\ 0 & B^T A \end{pmatrix} \begin{pmatrix} x \\ y \end{pmatrix} \lambda \quad (6-7)$$

$$\text{s. t.} \quad x^T A^T A x = 1 \text{ 和 } y^T B^T B y = 1$$

求解得的前 q 个最大的广义特征值 $\lambda_1 \geqslant \cdots \geqslant \lambda_q$ 对应 q 个主角的余弦，$\lambda_1 = \cos \theta_1, \cdots, \lambda_q = \cos \theta_q \geqslant 0$。当 $p = q$ 时，则 $\cos^2 \theta_i$ 等于 $(A^T A)^{-1} A^T B (B^T B)^{-1} B^T A$ 的第 i 个特征值。

给定两个 LDSs 模型的参数 $M_1 = (A_1, C_1)$ 和 $M_2 = (A_2, C_2)$，De Cock[91]定义两个模型之间的子空间角为观测矩阵 $O_\infty(M_1)$ 和 $O_\infty(M_2)$ 列空间之间的主角。根据式(6-6)和式(6-7)和以上的分析可知

$$\cos^2 \theta_i = (Q_{11}^{-1} Q_{12} Q_{22}^{-1} Q_{21}) \text{ 的第 } i \text{ 个特征值} \quad (6-8)$$

其中，θ_i 表示模型 M_1 和 M_2 之间的第 i 个子空间角，$i = 1, 2, \cdots, n$，$Q_{kl} = O_\infty(M_k)^T O_\infty(M_l)$, $(k, l = 1, 2)$。而 Q_{kl} 可通过解以下 Lyapunov 方程获得

$$\begin{pmatrix} Q_{11} & Q_{12} \\ Q_{21} & Q_{22} \end{pmatrix} = \begin{pmatrix} A_1^T & 0 \\ 0 & A_2^T \end{pmatrix} \begin{pmatrix} Q_{11} & Q_{12} \\ Q_{21} & Q_{22} \end{pmatrix} \begin{pmatrix} A_1 & 0 \\ 0 & A_2 \end{pmatrix} + \begin{pmatrix} C_1^T \\ C_2^T \end{pmatrix} (C_1 \quad C_2)$$

$$(6-9)$$

求解得到两个模型之间的子空间角 $(\theta_1, \theta_2, \cdots, \theta_n)$ 后,那么就可确定许多距离度量函数

$$\text{Gap 距离}: d_g(M_1, M_2) = \sin \theta_{\max}$$

$$\text{Frobenius 距离}: d_f(M_1, M_2)^2 = 2\sum_{i=1}^{n} \sin^2 \theta_i$$

$$\text{Martin 距离}: d_M(M_1, M_2)^2 = -\ln\prod_{i=1}^{n} \cos^2 \theta_i \qquad (6-10)$$

$$\text{Martin 核}: k_M(M_1, M_2)^2 = \prod_{i=1}^{n} \cos^2 \theta_i$$

6.4 基于线性动态系统的视角无关的人体动作识别

线性动态系统是对时序不变的动态性进行建模,而人体动作非常复杂,时序上的动态性是变化的,所以对于整个视频的动作序列不能采用线性动态系统建模,应该采用非线性的动态系统。Turaga 在文献[125]中表明,虽然对于复杂的人体动作在整个时序上发生很大的变化,但短时序上的统计特性并没有发生很大的变化,也就是说对于局部短时序上的动态性可用线性动态系统进行建模,所以本书采用线性动态系统对局部块(cuboid)进行建模。

本书提出的基于线性动态系统的人体动作识别还是采用基于 BoF 的识别模型,但与以往方法不同的是,利用局部动态性作为特征,对局部块采用线性动态系统进行建模,将得到的模型参数作为局部表示,视觉码书的学习采用稀疏编码的方法,整个过程包括以下几个步骤:

① 时空兴趣点检测:与前面基于 BoF 的动作识别框架类似,首先对人体动作视频采用时空兴趣点检测方法检测兴趣点,提取时空兴趣点周围的 cuboid,并提取每个 cuboid 的特征(如灰度、梯度或光流特征等)。

② 计算局部描述子:对每个 cuboid 特征采用 LDSs 建模,识别 LDSs 的模型参数,将模型参数作为 cuboid 的描述子。

③ 学习码书:将训练序列中的 cuboid 的 LDSs 模型参数采用非线性维数约简方法进行降维,在低维空间采用第4章中的稀疏编码方法学习低维空间中的码书,然后找到与低维空间中的码书相对应的模型参数空间中的模型参数作为最后的码书。

④ 计算动作描述子:用码书中的视觉单词表示视频中的局部块,

计算每个视频的直方图,作为视频动作描述子。采用与最相近的几个视觉单词之间的 Martin 距离和的归一化结果作为动作描述子。

⑤ 识别:采用非线性分类器进行训练和分类。

整个系统框架如图 6-4 所示。

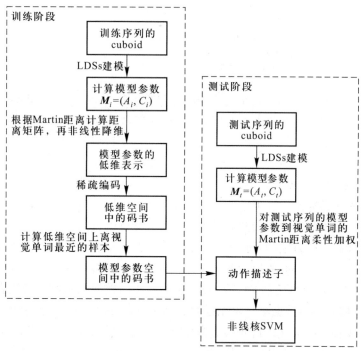

图 6-4 基于 LDSs 的动作识别

6.4.1 基于 LDSs 模型参数的局部描述子

大多数人体动作识别方法都是采用归一化的灰度值、光流、梯度或光流直方图、梯度直方图作为局部块 cuboid 的描述,但是这些特征都是人体动作的表观特征,很容易受到表观变化、尺度变化和视角变化等的影响,而且并没有真正捕捉到人体动作的本质特征——动态性。采用 LDSs 对局部块中的局部人体动作的动态性过程建模,利用动作的局部动态性特征作为局部块的描述,来解决复杂场景下人体动作识别中的视角变化问题。

给定一个局部块(cuboid)的序列图像 $\{I(t)\}_{t=1}^{F}$,对其时序上的变化采用 LDSs 建模,将其建模为线性高斯–马尔可夫(Gauss-Markov)随机过程的连续状态的线性变换

$$z(t+1) = Az(t) + v(t)$$
$$I(t) = Cz(t) + w(t)$$

(6-11)

其中,z 为隐状态向量,A 是状态转移矩阵,C 为测量矩阵。$w(t) \sim N(0, R)$ 和 $v(t) \sim N(0, Q)$ 分别为 0 均值、方差为 R 和 Q 的噪声。然后采用第 5.3.1 节中的基于 PCA 的方法计算模型参数 $M = (A, C)$,将其作为 cuboid 的描述子。

6.4.2 模型参数空间中的码书学习

由于 cuboid 的描述子是 LDSs 的模型参数 $M = (A, C)$,LDSs 的模型参数空间不是欧几里德空间,所以对这些模型参数的聚类不能直接使用欧几里德空间中的聚类算法。然而,非线性降维方法(如 LLE、Isomap、MDS、Laplacian Eigenmap 等) 则为该问题的解决提供了很好的手段,可以将这些点嵌入到低维的欧几里德空间,然后再使用欧几里德空间中的聚类算法[95]。因此,对训练数据局部块 cuboid 的模型参数采用传统的多维尺度(MDS) 进行降维,然后在低维的嵌入空间采用第 5 章中的稀疏编码方法学习低维空间的码书,将得到的低维空间中的码书所对应的高维空间的模型参数集作为最后的码书。

MDS 是一种传统的寻求保持数据点之间差异性或相似性的降维方法,使得在原数据集合中相近的点仍然靠近,远离的点仍然远离。首先需要构建相似性距离矩阵(或差异性矩阵),得到距离矩阵后,那么就可以应用降维方法得到数据的低维表示。但由于训练数据集为模型参数,所以距离矩阵的计算需要采用上述所提出的距离度量方法,采用第 6.3.2 节介绍的 Martin 距离作为模型参数之间的距离度量。码书学习过程如下:

设训练数据集 cuboids 的模型参数集为 $\{M_i\}_{i=1}^N$,首先,利用 Martin 距离计算模型参数之间的距离矩阵 $D \in R^{N \times N}$,其中每个元素 $D_{ij} = d_M(M_i, M_j)$;然后,采用 MDS 降维得到低维的表示 $\{Y_i\}_{i=1}^N$。为了避免 K-means 的初始化问题和学习到更具有判别力的码书,对 $\{Y_i\}_{i=1}^N$ 采用第 5.4.2 节的稀疏编码方法进行聚类,通过优化下式带 l_1 稀疏惩罚函数的稀疏编码问题求解码书 B

$$\min_{B,S} \sum_{i=1}^N \| Y_i - B^T s_i \|_2^2 + \lambda \| s_i \|_1$$

(6-12)

$$\text{s.t.} \quad \| b_k \|_2 \leq 1, \ \forall k = 1, 2, \cdots, K$$

其中,$B = [b_1, \cdots, b_K]^T$ 为求解得到的码书,K 为码书的大小,然后再根据低维空间的码书 $\boldsymbol{B}$ 求解对应的模型参数空间的码书。由于非线性降维方法难以建立逆映射,所以选择 $\{Y_i\}_{i=1}^{N}$ 中离聚类中心最近的向量所对应的高维空间中的模型参数作为最后的码书[95]

$$F_i = M_p, \ p = \arg\min_j \parallel Y_j - b_i \parallel^2 \qquad (6\text{-}13)$$

式 6-13 中 $F = \{F_1, F_2, \cdots, F_K\}$ 为模型参数空间中的码书。

6.4.3 动作描述子计算

基于 BOF 的方法一般都采用码字的分布作为动作描述子,通常采用直方图的表示,设视频中包含 N 个 cuboid,码书大小为 K,计算每个 cuboid 到 K 个视觉单词的距离,选距离最近的视觉单词作为 cuboid 的表示,假设视频动作描述子表示为 $z = \{z_1, z_2, \cdots, z_K\}$,则

$$z_k = \frac{N_k}{N}, k = 1, \cdots, K \qquad (6\text{-}14)$$

其中,N_k 表示视频中第 k 个码字出现的次数。而上述的表示使得每个 cuboid 仅仅由一个视觉单词表示,不能准确地描述每个 cuboid 的信息,因而采用下面柔性加权[95]的表示,使得每个 cuboid 由几个最相近的视觉单词的来进行描述

$$z_k = \sum_{i=1}^{k_0} \sum_{j=1}^{L} \frac{1}{2^{i-1}} d_M(F_k, M_j), k = 1, \cdots, K \qquad (6\text{-}15)$$

其中,k_0 表示邻域数,L 表示以 F_k 作为邻域的 cuboid 数,$d_M(F_k, M_j)$ 表示模型参数 M_j 到码字 F_k 的 Martin 距离。最后对 z 进行 l_1 范数归一化后作为动作描述子。

6.5 实验与分析

多视角 IXMAS 数据集[28]是公开用于评价视角无关的人体动作识别方法的数据库,因此在多视角 IXMAS 数据集上验证本算法的有效性。首先,计算单/多目识别率,并与该数据集上最新相关文献 Weinland 算法[74]和杨提出的基于动作图的视角无关算法[20]进行比较;然后,验证本算法对交叉视角识别的有效性,与最近提出的交叉视角识别算法[134-136]进行比较分析,并且进一步与现有基于 BoF 的视角无关的人体动作识别方法进行比较。

6.5.1 数据集与实验设置

IXMAS 数据集是一个公共开放的多视角数据库,包含 12 个采集者

做 13 类动作:看表(check watch)、双臂交叉(cross arms)、抓头(scratch head)、坐下(sit down)、站起(get up)、转身(turn around)、走(walk)、挥手(wave)、用拳猛击(punch)、踢(kick)、指(point)、捡东西(pick up)和从头上抛(throw over head)的全过程,每人重复 3 次,整个运动过程从 5 个视角进行采集,如图 6-5 所示。第一行是动作"wave"在视角 1-视角 5 下的图像,第二行是视角 4 下的"check watch"、"cross arms"、"scratch head"动作和视角 1 下的"punch"、"kick"动作。

图 6-5　IXMAS 数据集示例

为了便于与其他方法进行对比分析,本书采用 10 个对象和 11 类动作作为测试数据。首先根据 Weinland 算法中的分割方法将视频分成各个动作;然后采用 Dollar 提出的兴趣点检测方法[37]提取兴趣点 cuboid,兴趣点检测中的参数 $\sigma = 1$,$\tau = 2$,cuboid 的大小为 $13 \times 13 \times 25$ 像素,每个视频提取了最多 200 个局部块;对每个 cuboid 用线性动态系统建模,模型的阶 n 设置为 10;随机选取了 3 个表演者的视频训练视觉码书,码书大小设置为 400;采用直方图交叉核 SVM 作为分类器[119],识别时利用留一交叉验证(LOOCV)的方法,也就是每次选择一个对象的动作作为测试样本,剩下对象的动作作为训练样本。

6.5.2　单/多目识别

在该实验中,测试了各个视角和视角组合下的平均识别率,视角 1 ~ 视角 5 分别获得了 84. 24%、79. 39%、83. 94%、85. 76% 和 72. 12% 的平均识别率。从这个识别结果可以看出本算法在不用背景减除的情况下,大多数视角都获得 80% 以上的识别率,视角 5 由于是头顶视角,自遮挡严重,因而很多动作部位的兴趣点采集不到,识别率稍微更低。在多目识别中,本实验采用多数投票的方法,主要测试了 3 个以上视角的组合,都获得 85% 以上的识别率,5 个视角组合平均识别率为 87. 88%。图 6-6 给出了视角 4 和 5 个视角组合下的平均识别率混淆表。从图 6-6 中我们可以看出"check watch"、"cross arms"和"scratch head"三种动作容易发生混淆,这主要是因为这三种动作都是手臂往上的运动,因而其局部动态性非常相似;同样,在测试数据中,"kick"动作中也伴有手伸出去或往侧面伸的类似拳击的动作,所以导致"punch"动作容易混淆为"kick"动作。该实验结果验证了本书的局部描述子确实捕捉到动作的动态性过程,在各种视角下都获得了比较好的性能,不会像其他表观描述子一样,受视角变化的影响很大,而且不用对视角之间的关系进行建模,能够在 BoF 识别框架下实现视角无关的动作识别。

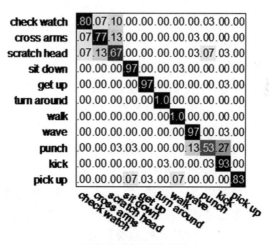

(a)视角4的识别率混淆表

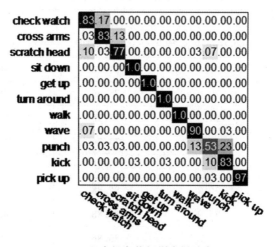

(b)多视角的识别率混淆表

图 6-6　视角 4 和 5 个视角组合下的识别率混淆表

进一步将本算法与 IXMAS 数据集上最新视角无关的方法 Weinland 算法[74]和杨的算法[20]进行比较。

Weinland 算法[74]通过对各个视角的侧影重构 3D 样例,然后对 3D 样例进行筛选并用概率模型对动作和视角进行建模以实现视角无关的动作识别。

杨的算法[20]采用加权字典向量描述方法和动作图识别模型进行视角无关的动作识别,将视频中的局部兴趣点特征和全局形状描述相结合形成加权字典向量的描述,详见第 6.2 节。

表 6-1 给出了单/多目情况下的对比结果,由于本研究在多目识别时采用的是多数投票的方法,所以多目情况下只给出了 3 个以上视角组合的实验结果。从对比结果可以看出,在单视角下,本书的算法均比其他两种算法取得了更高的识别率;在多视角中,可能由于本书只对多个视角采用了简单的多数投票的方法,因而比杨的算法[20]低一些,但最高识别率同样为 87.88%。与其他两种方法相比,Weinland 和杨的方法都需要先进行背景减除提取人体侧影或区域,然后再对人体动作和视角进一步的建模,在复杂场景下很难得到准确的人体侧影和区域信息,这将会大大影响后续的动作和视角的建模效果,而本算法不需要背景减除,也不用对视角、动作建模,而且采用局部表示的方法,还能对少量人体表观、视角变化、部分遮挡和光照变化保持不变,因此本书的算法比其他两种方法更适合处理复杂场景下人体动作识别中的视角变化问题。

表 6-1 本书算法与 IXMAS 数据集上现有算法的单/多目识别率比较

视角组合	识别率/%		
	Weinland 算法[74]	杨的算法[20]	本书算法
1	65.4	81.82	**84.24**
2	70.0	78.66	**79.39**
3	54.3	74.75	**83.94**
4	66.0	75.76	**85.76**
5	33.6	70.0	**72.12**
1 3 5	70.2	**87.88**	85.76
1 2 3 5	75.9	**87.88**	86.36
1 2 3 4	81.27	**85.86**	85.15
1 2 3 4 5	81.27	**87.88**	87.88

6.5.3 交叉视角的识别

实验进一步验证了本算法对交叉视角识别的有效性,也就是测试样本的视角和对象在训练样本中都不存在,对训练样本来说,测试的视角和对象是完全未知的。目前,交叉视角下的动作识别方法还比较少。Farhadi 在文献[134]提取每帧的侧影和光流,计算侧影和光流直方图作为每帧的特征,利用转移学习构造可靠的视角和判别式特征用于视角无关的动作识别,随后在文献[135]利用隐判别式参数,通过优化隐双线性模型估计隐判别式参数,然后利用判别式参数的最近邻在 Hash 码字空间预测,获得了很好的性能。Junejo 提出了利用时序上动作序列的自相似性(self-similarities),首先构建图像或轨迹的自相似性矩阵(self-similarity matrix,SSM),然后对 SSM 的每个对角线上的元素计算局部块梯度方向的直方图,从而得到视角稳定的动作描述子[136]。因此,实验进一步比较本算法与现有的 Farhadi 和 Junejo 的交叉视角识别方法的识别性能。

表 6-2 给出了本书的算法与 Farhadi 算法、Junejo 算法的交叉视角识别率。从实验结果可以看出,本书算法在没有进行背景减除和对视角之间进行任何建模的情况下,获得了较好的结果;大部分视角比 Farhadi 方法[134]的识别率更高,而且 Farhadi 方法[134]中需要预先定义视角,对两两视角之间的特征进行学习,因此只能用于已知视角的情况下,对未知的视角无法进行识别。Farhadi 方法[135]得到最好的识别率,但该方法特别依赖前景图像的提取,对人体表观的变化比较敏感。相比于不依赖背景减除的Junejo[136]算法,本书的算法在有些交叉视角下获得比其更好的性能,而有些视角更差,在单目视角下,均比其获得更高的识别率。

表 6-2　本书的算法与 Farhadi 算法、Junejo 算法的交叉视角识别率

	算法	视角 1	视角 2	视角 3	视角 4	视角 5
视角 1	LL	84	76	59	66	31
	QV	76	72	61	62	30
	SS	76	78	69	70	45
	CV	84	79	79	68	76
视角 2	LL	79	82	52	59	22
	QV	69	76	64	68	41
	SS	77	78	74	67	44
	CV	72	85	74	70	66

续表

	算法	视角 1	视角 2	视角 3	视角 4	视角 5
视角 3	LL	64	54	78	73	49
	QV	62	67	68	67	43
	SS	66	71	74	64	54
	CV	71	82	87	76	72
视角 4	LL	65	54	62	82	35
	QV	63	72	68	73	44
	SS	69	70	63	69	44
	CV	75	75	79	87	76
视角 5	LL	37	30	57	48	72
	QV	51	55	51	53	51
	SS	39	39	52	34	66
	CV	80	73	73	79	80

注:行表示训练的视角,列表示测试的视角。每个训练视角下包含 4 种方法的识别率:

① 本书的基于局部线性动态系统(local LDSs, LL)的方法。

② Farhadi[134] 采用 quantized aspect(QV)的方法。

③ Junejo[136] 采用自相似性(self similarity, SS)矩阵的方法。

④ Farhadi[135] 使用连续 aspect 模型(continuous model of aspect, CV)的方法。

6.5.4　基于 BoF 的视角无关的动作识别方法比较

该实验主要比较在 BoF 识别框架下实现视角无关的人体动作识别方法。目前在 BoF 识别框架下实现视角无关的人体动作识别的研究比较少,Liu 等人在文献[51]和文献[114]中实现了 BoF 识别框架下的视角无关的人体动作识别,因此本章下面将进一步比较本书的方法和 Liu 的算法[51,114]在各种设置下的识别性能。

Liu 在文献[51]中利用了时空特征(spatial-temporal, ST)和 SI(spin-images)特征,时空特征 ST 采用时空兴趣点周围局部块的梯度特征,Spin-Images 则通过背景减除后对人体轮廓进行堆栈创建的 3D 动作体;然后分别对这两种特征进行量化学习相应的码书,通过计算每个视频中特征的频率构建特征–动作共现矩阵(feature-action coocurrence matrix),然后根据该矩阵创建 ST、SI 和动作视频之间的 Laplacian 矩阵,利用费德勒嵌入(Fiedler Embedding)将其映射到 k 维空间评价他们之间的关系。

Liu 在文献[114]中采用一般的梯度特征描述时空兴趣点周围的局部块,然后用 K-means 算法进行聚类获得初步的码书,再利用最大化互信息(maximization of mutual information,MMI)进行优化,得到最优数的码书,通过提取平移、旋转和尺度不变的空间关系图和时空金字塔捕捉结构信息;最后利用 SVM 分类。

为了便于与 Liu 的算法[51]比较,采用与其一样的设置,实验数据为 IXMAS 中的 12 个对象和 13 种动作作为测试数据。

表 6-3 给出了 Liu 的算法[51]与本方法在各个视角下的识别率比较。由于 Liu 的算法[51,114]没有给出头顶视角 5 的识别结果,所以只比较了前 4 个视角的识别率。实验结果表明,尽管 Liu 的算法[51]中采用了多种特征组合,但在各个视角下,本方法都获得了比 Liu 的算法[51]更好的性能,和 Liu 的算法[114]相当,在视角 1、视角 2 下本算法获得了更高一些的性能,在视角 3、视角 4 下 Liu 的算法获得了更高一些的性能,这也证明了本书动态性特征的有效性。而且在多视角组合下,都采用投票的方法,本方法获得了更高的识别率,Liu 的算法[51]的平均识别率为 78.5% 和 Liu 的算法[114]为 82.8%。

表 6-3 基于 BoF 方法在各个视角下的识别率比较

方法	特征	视角 1	视角 2	视角 3	视角 4
Liu[51]	ST+Spin-Image	73.46%	72.74%	69.62%	70.94%
	Spin-Image	68.93%	61.20%	62.74%	64.74%
	ST	64.79%	65.30%	60.43%	61.91%
Liu[114]	梯度	76.67%	73.29%	**71.97%**	**72.99%**
本书方法	LDS 模型参数	**76.84%**	**74.03%**	68.83%	72.51%

下面进一步比较基于 BoF 的视角无关的人体动作识别方法在交叉视角下的识别率,由于 Liu 的算法[51]没有实现交叉视角下的识别,因此只比较本方法与 Liu 的算法[114],采用和 Liu 的算法[114]一样的实验设置,3 个视角下的动作作为训练样本,而另一个视角下的动作作为测试样本。表 6-4 给出了比较结果,从中可以看出,除了视角 3,本书算法在其他视角下都获得较好的性能;与 Liu 的算法[114]的识别结果相当。

表 6-4 基于 BoF 方法在三个视角训练和另一个视角测试(但不排除相同对象)
情况下的识别率比较

方法	视角 1	视角 2	视角 3	视角 4
Liu[114]	72.29%	61.22%	**64.27%**	**70.59%**
本书方法	**73.59%**	**67.10%**	58%	68.61%

另外也比较了测试样本不包含训练样本中的对象的情况,也就是测试样本的视角和对象都不包含在训练样本中,表 6-5 给出了比较结果,结果表明了本书算法在三个视角下都超过了 Liu[114] 的算法的识别率,获得了更好的识别性能,而且在各个视角下的识别率相差不是很大,大多数为 60% 以上,而 Liu 的算法在不同视角下的识别结果相差很大,在视角 4 下获得 62.48% 的识别率,而在视角 2 下只获得 38.08% 的识别率,这证明了本书提出的局部描述子确实捕捉了人体动态性特征,不受视角变化导致的人体表观变化的影响。

表 6-5 基于 BoF 方法在三个视角训练和另一个视角测试(而且测试序列中不包含训练序列中的对象)情况下的识别率比较

方法	视角 1	视角 2	视角 3	视角 4
Liu[114]	42.6%	38.08%	**58.3%**	62.48%
本书方法	**69.26%**	**62.99%**	54.98%	**64.72%**

6.6 本章小结

视角变化的问题是复杂场景下人体动作识别研究中要解决的关键问题,特别是交叉视角下的识别,目前研究还很少,很多视角无关的动作识别算法都还受到一定的限制。因此,本章主要针对复杂场景下人体动作识别中视角变化的问题,提出了一种新的视角无关的动作识别方法。

首先,对目前已有的视角无关的动作识别进行分析,指明了存在的问题。

然后,针对这些问题提出了一种基于线性动态系统的视角无关动作识别算法,并对线性动态系统模型做简单的介绍,阐述了线性动态系统的模型参数估计方法和距离度量方法。基于线性动态系统的视角无关的动作识别采用了基于 BoF 的识别模型,但时空兴趣点的局部描述子采用的不是以往的表观特征,而是利用局部动态性作为特征,对局部块采用线性动态系统进行建模,将得到的模型参数作为局部表示,从而既考虑到人体动作的动态性,又对少量人体表观、部分遮挡、光照变化保持不变,而且利用时序上的动态性作为局部表示,充分捕捉到人体动作变化的过程,而不是考虑人体表观的各种特征,从而有效避免了表观特征对视角变化的敏感性,实现了视角无关的动作识别。

最后,在公共评测的多视角数据集上进行了评价和分析,验证了该方法在单/多目情况下的识别性能和交叉视角下的识别性能。实验结果表明本书的算法对任意角度、任意运动方向的视频序列,都得到较好的识别结果,而且对于交叉视角识别也获得很好的性能。

第7章　复杂场景下鲁棒的人体动作分类方法

7.1　引言

随着视频处理技术和计算机性能的提高,智能视频监控广泛应用于各行各业中,特别在安控行业,人体动作和行为识别在智能视频监控中起着关键的作用。在智能视频监控应用中,人体动作识别一般采用全局表示的方法,首先对人体动作进行跟踪,通过背景减除的方法提取人体侧影或光流信息,然后对人体动作进行建模或直接分类。然而在相对复杂背景下,这些特征很容易受到噪声、遮挡和杂乱背景干扰的影响,目前常用的分类方法最近邻分类器(K-NN)[26,43,51]、支持向量机(SVM)对这些噪声、遮挡和干扰却很敏感,而且 K-NN 分类方法很容易受到近邻数 K 值的影响,不能自适应地选择最优的 K 值。

近几年,稀疏表示在信号处理和计算机视觉领域引起了广大研究者们的关注,而且已经被证明为高维信号的获取、表示和压缩提供了一种强有力的工具。最近的压缩传感理论表明,利用信号稀疏表示的先验条件,可以在测量矩阵满足约束等距性条件下重构原信号,并且证明了如果信号是足够稀疏的话,重构算法可通过最小化 i_1 算法来求解。压缩传感的研究是用于信号的压缩和表示,每个基函数并没有任何的语义,采用标准基(如傅里叶、小波、伽柏等)或随机测量矩阵,但其最稀疏的表示具有很好的判别性和发现信号中的突出信息,因为其能选择最紧致表示的信号基。基于该理论,稀疏表示已被成功地应用于运动和数据分割[137],图像去噪和修复[138]以及图像分类[118,139]等。在大部分应用中,都是以稀疏性作为先验条件,得到至今最好的结果。Wright 等人利用稀疏表示的判别性有效地实现了人脸识别[140],并提出了使用训练样本作为超完备基,而不是使用以上所述的超完备基。因为如果每类样本足够充分的话,那么测试样本可表示为同类样本的线性组合,这对于整个样本集来说,其表示自然是非常稀疏的,那么样本的稀疏表示即可通过压缩传感中的重构算法来实现,然后直接进行分类。

为了避免现有分类方法对噪声、遮挡和干扰的影响和 K-NN 分类方法对近邻数 K 值的敏感性,得到更具有判别性而且鲁棒的动作分类,本书提出了一种基于稀疏表示的人体动作分类方法。利用 Wright 的思想[140],将训练样本作为超完备基,首先对要识别的动作寻求其稀疏表示,然后基于压缩传感理论中的重构算法(最小化 i_1 算法)求解其最稀疏的表示,根据所得的稀疏解直接进行分类。在该方法中,测试样本的近邻数能通过最小化 i_1 算法自适应地确定,避免了 K-NN 分类方法对参数 K 值的敏感性,而且同时能处理噪声、干扰、遮挡的情况。该分类器可认为是扩展的 NN 分类器,与 NN 不同的是,NN 基于单个训练样本的最好表示来进行分类,而本书的方法则考虑所有可能的样本,在每类或多类中自适应地选择能最好表示测试样本的最少训练样本,因而能得到最紧致且具有判别性的表示。

7.2 超完备基的图像稀疏表示

从第 5.2 节介绍可知,图像的稀疏表示模型成功地模拟了初级视觉系统,视觉细胞对外界刺激的响应采用稀疏表示的原则。稀疏模型通过一组线性无关的基向量的线性组合来表示信号,这组基向量能张开整个空间,表达形式见式(5-2)。若基向量的个数小于维数,则该空间中有些向量不能完整地表示为基向量的线性组合,称该基向量为非完备的(incomplete);若基向量的个数大于维数,则该空间每个向量都能表示为基向量的线性组合,且表示形式不唯一,称该基向量为超完备的(overcomplete)。为了更灵活地对信号进行表示,人们采用超完备的冗余基代替正交基(称为超完备字典集),信号 $f \in R^N$ 的超完备表示[141]为

$$f = D\alpha \qquad (7-1)$$

其中,$D \in R^{M \times N}$ 是超完备字典集,且 $N \gg M$。给定信号 f 和超完备字典集 D,式(7-1)是欠定的,系数 α 的解有无穷多个,其中只有少量的非零元素,系数 α 则为信号的稀疏表示。

7.3 基于稀疏表示的人体动作分类算法

图像的稀疏表示中一般采用标准基作为超完备字典集,如傅里叶、小波、伽柏(Gabor)等或随机测量矩阵。根据 Wright 的方法[140],采用

训练样本作为超完备基,根据超完备的训练样本集寻求人体动作的稀疏表示,然后采用压缩传感理论中的重构算法求解其最稀疏的表示,根据人体动作的稀疏表示直接进行分类。

7.3.1 人体动作的稀疏表示

给定 L 个 K 类动作的训练序列,假设第 i 个序列有 N_i 帧,总共有 $N = N_1 + N_2 + \cdots + N_i + \cdots + N_L$ 帧,第 i 个序列第 j 帧的特征向量表示为 $\boldsymbol{f}_{i,j}$

$$\boldsymbol{f}_{i,j} = [v_{i,j}^1, v_{i,j}^2, \ldots, v_{i,j}^D]^{\mathrm{T}} \tag{7-2}$$

其中,T 表示矩阵转置,D 表示特征维数,那么训练样本的所有帧组成一个矩阵 $\boldsymbol{A} \in R^{D \times N}$ 为

$$\boldsymbol{A} = [f_{1,1}, \cdots, f_{1,N_i}, f_{2,1}, \cdots, f_{2,N_2}, \cdots, f_{L,1}, \cdots, f_{L,N_L}] \tag{7-3}$$

同样,假设测试序列的第 j 帧特征向量表示为 $\boldsymbol{f}_{p,j}$,总共 N_p 帧,那么测试序列的所有帧组成矩阵 $\boldsymbol{A}_{\mathrm{test}} \in R^{D \times N_p}$,表示为

$$\boldsymbol{A}_{\mathrm{test}} = [\boldsymbol{f}_{p,1}, \boldsymbol{f}_{p,2}, \cdots, \boldsymbol{f}_{p,j}, \cdots, \boldsymbol{f}_{p,N_p}] \tag{7-4}$$

假设同一类训练样本位于一个线性子空间中,那么新测试样本可看成是同类样本的线性组合,则给定第 i 类测试序列的每帧 $\boldsymbol{f}_{p,j}$ 可近似表示为该类训练样本的线性组合,即

$$\boldsymbol{f}_{p,j} = a_{i,1} f_{i,1} + a_{i,2} f_{i,2} + \ldots + a_{i,N_i} f_{i,N_i} \tag{7-5}$$

其中,$a_{i,j} \in R, j = 1, 2, \cdots, N_i$ 为常量。由于事先不知道 $\boldsymbol{f}_{p,j}$ 属于哪一类,所以将 $\boldsymbol{f}_{p,j}$ 表示为所有样本的线性组合

$$\boldsymbol{f}_{p,j} = \boldsymbol{A} x \tag{7-6}$$

其中,系数 $x = [0, \cdots, 0, a_{i,1}, a_{i,2}, \cdots, a_{i,N_i}, 0, \cdots, 0]^{\mathrm{T}}$,除了与第 i 类有关的系数,其他系数都为零,典型情况下 $D \ll N$ 的,方程(7-6)是欠定的,它的解不唯一,因此系数 x 是非常稀疏的,是测试样本 $\boldsymbol{f}_{p,j}$ 的稀疏表示。

7.3.2 基于 l_1 最小化的稀疏表示求解方法

为了求解稀疏系数 x,一般的方法采用最小平方距离来进行求解

$$\min \| \boldsymbol{f}_{p,j} - \boldsymbol{A} x \|_2 \tag{7-7}$$

其中,‖·‖ 表示 l_2 范数,但该方法求解得到的系数 x 中非零项元素非常密集,几乎没有零,如图 7-2(b)所示,得到的系数解 x 很容易包含噪声项。因此根据系数 x 的稀疏性条件,很自然地选择通过最小化 l_0 范数来求解

$$\min_{x} \| x \|_0 \qquad \text{s.t.} \quad \boldsymbol{A} x = \boldsymbol{f}_{p,j} \tag{7-8}$$

其中，$\|.\|_0$ 表示 l_0 范数，计算向量中非零元素的个数。

一般情况下求解最稀疏解是 NP 难问题，然而最近的压缩传感理论[120]中证明了如果信号是足够稀疏的话，那么可以通过最小化 l_1 范数求解唯一的最稀疏解。从以上 x 的表示可以看出，x 肯定是非常稀疏的，所以可以通过下面的凸优化问题来求解

$$\min_x \|x\|_1 \qquad \text{s. t.} \quad Ax = f_{p,j} \qquad (7-9)$$

其中，$\|.\|_1$ 表示 l_1 范数，计算向量中各元素绝对值之和。与传统的 l_2 范数最小化求解算法相比，l_1 范数最小化算法能获得最紧致和有效的表示，因而更具有判别力，如图 7-2(a) 所示。

7.3.3　l_1 最小化优化算法

为了有效优化以上 l_1 最小化问题求稀疏解，可通过以下几种优化算法[142]进行求解：Gradient Projection（GP）[143]、Homotopy[120]、Iterative Shrinkage-Thresholding（IST）[144]、Proximal Gradient（PG）[145] 和 Augmented Lagrange Multiplier（ALM）[146]等。本书采用了 ALM 方法进行求解稀疏表示 x，因此下面主要介绍了 ALM 的 l_1 最小化优化算法。

拉格朗日乘数方法是一种流行的凸优化算法，ALM 方法与其他惩罚方法不同的是同步迭代估计最优解和拉格朗日乘数子。式(7-9)的 l_1 最小化问题对应的扩展拉格朗日函数为

$$L(x,\lambda) = \|x\|_1 + \langle \lambda, f_{p,j} - Ax \rangle + \frac{u}{2}\|f_{p,j} - Ax\|_2^2 \qquad (7-10)$$

式(7-10)中 $u>0$ 是一个常量，决定不可行性惩罚，λ 是拉格朗日乘子。假设 λ^* 是满足二阶最优条件的拉格朗日乘子，那么式(7-9)的 l_1 最小化问题可转换成以下非约束的凸优化问题

$$\hat{x} = \arg \min_x L(x, \lambda^*) \qquad (7-11)$$

然后通过下式迭代计算 λ^* 和 $\hat{x}$

$$\begin{cases} x_{k+1} = \arg \min_x L_{u_k}(x, \lambda_k) \\ \lambda_{k+1} = \lambda_k + u_k(b - Ax_{k+1}) \end{cases} \qquad (7-12)$$

其中，$\{u_k\}$ 是一个单调递增的正序列。

7.3.4　分类方法

通过式(7-11)获得稀疏解后，采用如下的方法[140]进行分类，将最小剩余量的类标作为测试帧 $f_{p,j}$ 的类标

$$label(f_{p,j}) = \arg \min_k \|f_{p,j} - A\delta_k(x)\|_2 \qquad (7-13)$$

其中,δ_k 是一个指示函数,从 $\hat{x}$ 中选择与第 k 类有关的系数。

当测试序列 $A_{\text{test}} = [f_{p,1}, f_{p,2}, \cdots, f_{p,j}, \cdots, f_{p,N_p}]$ 所有帧的类标确定后,将类标数最多的类作为测试序列的类。

基于稀疏表示的动作分类算法

输入:L 个训练序列,测试序列。

  步骤 1:计算训练序列和测试序列的特征描述子,

  $A = [f_{1,1}, \cdots, f_{1,N_1}, f_{2,1}, \cdots, f_{2,N_2}, \cdots, f_{L,1}, \cdots, f_{L,N_L}]$,

  $A_{\text{test}} = [f_{p,1}, f_{p,2}, \cdots, f_{p,j}, \cdots, f_{p,N_p}]$。

  步骤 2:通过 l_1 范数最小化算法计算测试序列帧的稀疏表示,

  $\hat{x} = \arg\min_x L(x, \lambda^*)$。

  步骤 3:根据最小剩余量进行分类

  $label(f_{p,j}) = \arg\min_k \| f_{p,j} - A\delta_k(x) \|_2$。

  步骤 4:根据测试序列中帧的类标,将类数最多的类作为测试序列的类。

7.4 在噪声、干扰、遮挡情况下的人体动作分类算法

在复杂场景的人体动作识别中,提取的很多特征数据都含有噪声、遮挡或背景干扰等,从而大大地降低了识别效果。为了克服噪声、遮挡、干扰的影响,本书采用 Wright 提出的方法[140],进一步扩展式(7-6)使其包含错误项的形式

$$f_{p,j} = Ax + \gamma = \begin{bmatrix} A & I \end{bmatrix} \begin{bmatrix} x \\ \gamma \end{bmatrix} = Bx' \tag{7-14}$$

其中,γ 表示错误项(噪声、遮挡或干扰等),$B = \begin{bmatrix} A & I \end{bmatrix} \in R^{D \times (N+D)}$,$x' = [x^T \ \gamma^T]^T$。那么最稀疏解则改为对系数和错误项的 l_1 范数最小化算法来求解

$$\min_{x'} \| x' \|_1 \qquad \text{s. t.} \quad Bx' = f_{p,j} \tag{7-15}$$

然后根据 ALM 优化算法求解稀疏表示 x,对应的扩展拉格朗日函数为

$$L(x', \lambda) = \| x' \|_1 + \langle \lambda, f_{p,j} - Bx' \rangle + \frac{u}{2} \| f_{p,j} - Bx' \|_2^2 \tag{7-16}$$

求解到 x' 后, 那么还可通过 $\boldsymbol{f}_{p,j}-\boldsymbol{\gamma}$ 去除噪声、遮挡和干扰部分, 恢复原图像。相应地, 将式(7-13)的分类算法改为

$$label(\boldsymbol{f}_{p,j}) = \arg\min_k \|\boldsymbol{f}_{p,j}-\boldsymbol{\gamma}-\boldsymbol{A}\delta_k(x)\|_2 \qquad (7-17)$$

因而基于稀疏表示的人体动作分类能有效地处理复杂场景下噪声、遮挡和干扰的问题, 得到鲁棒的人体动作分类, 而且可恢复出近似的原图像。

7.5　实验与分析

该算法在公开的 Weizmann 数据集[28] 进行评价, 该数据集由 9 个表演者执行 10 类动作: 行走(walking)、跑步(running)、跳走(jumping)、侧身行走(gallop sideways)、弯腰(bending)、单手挥动(one-hand-waving)、双手挥动(two-hands-waving)、原地跳跃 (jumping in place)、展开跳跃(jumping jack)和单脚跳(skipping), 另加了 3 个序列, 总共包含 93 个动作序列, 每个序列大约持续 2 s, 图像大小为 180× 144 像素, 如图 7-1 所示。并提供了鲁棒性测试数据: 牵狗走(walk with a dog)、挥包走(swinging a bag)、围着衣服走(walk in a skirt)、遮挡了脚(occluded feet)、被柱杆遮挡(occluded by a pole)、月球漫走(moonwalk)、跛脚走(limp walk)、屈膝走(walk with knees up)、拎着包走(carrying brief-case)和正常行走(normal walk), 共包含 10 个有干扰的"走"的序列, 如图 7-4 所示, 用于评价算法对部分遮挡、变形、其他一些干扰因素的鲁棒性。

图 7-1　Weizmann 数据集示例和侧影

在该数据集上我们进行了 3 个实验:实验 1 比较基于 l_1 最小化算法与基于 l_2 最小化算法求解稀疏解的性能;实验 2 对本算法与现有的分类器(K-NN、SVM)进行比较;实验 3 对本算法进行鲁棒性测试。

在所有的实验中均采用简单的侧影特征,对 Weizmann 数据集进行下采样为 100、256、576 维的特征作为每帧的表示,在鲁棒性测试中,为了去除干扰和遮挡,没有进行下采样,采用了归一化为 40×40 像素的图像大小的侧影作为每帧的特征。对所有的实验都采用留一交叉验证(LOOCV)的方法。

7.5.1 基于 l_1 与 l_2 最小化算法的比较

该实验比较了基于 l_1 最小化算法与基于 l_2 最小化算法求解稀疏解的性能。图 7-2 显示了动作"walking"分别采用 l_1 范数和 l_2 范数求解稀疏解的结果:图 7-2(a) 为基于 l_1 最小化算法求解得到的系数以及各类的剩余量;图 7-2(b) 为基于 l_2 最小化算法求解得到的系数以及各类的剩余量。从图 7-2 中可以看出,基于 l_1 最小化算法得到了非常稀疏的系数表示,大部分系数都几乎为 0,而且非零项的系数对应"walking"动作的训练样本,最小剩余量与其他类的剩余量相差很大;而 l_2 最小化算法得到系数非零项元素非常密集,几乎没有零,最小剩余量与其他类的剩余量相差很小,因而采用基于 l_1 最小化算法能得到更稀疏的解和更具有判别性的表示。

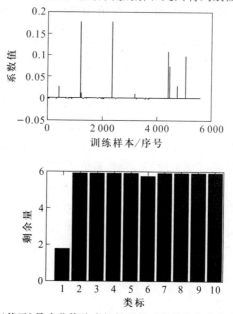

(a)基于l_1最小化算法求解得到的系数以及各类的剩余量

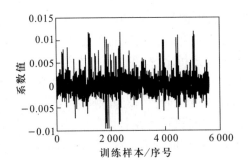

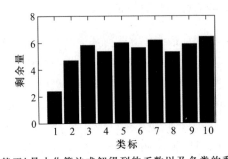

(b)基于l_2最小化算法求解得到的系数以及各类的剩余量

图 7-2 基于 l_1 和 l_2 最小化算法求解稀疏解的比较

7.5.2 分类方法 SR 与 SVM、K-NN的比较

该实验主要在无噪声、遮挡和干扰情况下比较本书提出的算法 SR 与 SVM、K-NN 分类方法的性能,验证 SR 方法具有较好的判别性,可以自适应地选择最具有判别性的近邻。分别在维数为 100、256、576 下进行了对比分析,K-NN 方法给出了近邻数 K 值为 1、5、9、15、21、53 时的识别结果,图 7-3 给出了对比分析结果。从图 7-3 可以看出在特征维数为 100 时,5-NN 获得最高的识别率 96.77%,53-NN 获得最低识别率 87.10%,在其他特征维数时,不同的 K 值得到的识别结果同样不一样,该结果表明了 K-NN 分类结果受近邻数 K 值的影响很大,而且 K 值的大小与识别率之间没有任何变化规律。另外,这三种方法相比较而言,SR 方法获得了比 SVM 更高的识别性能,高于大多数 K 值的 K-NN 方法,这表明了 SR 方法具有很好的判别性,能自动选择最优的最近邻。

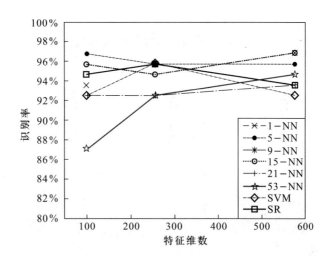

图 7-3　本书算法（SR）与 SVM、K-NN 分类性能的对比结果

7.5.3　鲁棒性测试

　　该实验用来评价本书算法在 Weizmann 鲁棒性测试序列上的对部分遮挡、变形以及其他一些干扰因素的鲁棒性。该方法能在计算图像的稀疏表示的同时分解出噪声、遮挡和干扰部分图像，通过将遮挡和干扰图像减去噪声或干扰后，得到逼近的原图像，如图 7-4 所示，再对去干扰后的图像进行分类，从而能有效地处理噪声、干扰的情况。

　　表 7-1 给出了 K-NN、SVM 分类器在鲁棒性测试数据上的分类结果，从表中可以看出，K-NN、SVM 分类器在有遮挡和干扰情况下的分类性能很差，特别是 K-NN 分类方法仅有一两个正确的识别，该实验结果表明 K-NN、SVM 分类器确实对噪声、遮挡和干扰很敏感，而相比较而言，本书的基于稀疏表示的分类方法对噪声、遮挡和干扰具有很好的鲁棒性，得到全部正确的识别，更适用于复杂场景下的人体动作分类。

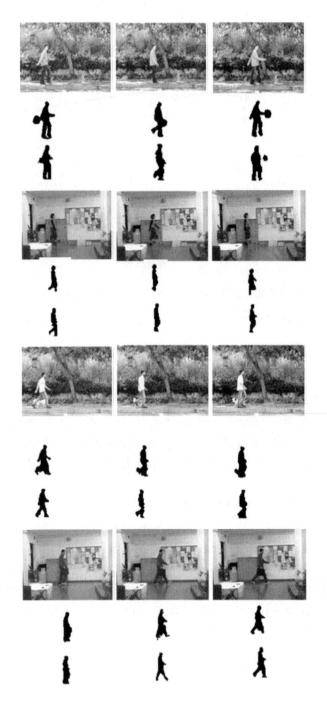

图 7-4 Weizmann 鲁棒性测试示例、侧影和去干扰后的图像

表 7-1 K-NN、SVM 分类器的鲁棒性测试结果

测试序列	1-NN	5-NN	9-NN	15-NN	21-NN	53-NN	SVM	SR
normal walk	walk	walk	bend	bend	bend	bend	walk	walk
walking in a skirt	walk	side	bend	bend	bend	bend	walk	walk
carrying briefcase	bend	bend	bend	bend	bend	bend	walk	walk
limp walk	side	walk	walk	bend	bend	walk	walk	walk
occluded feet	bend	bend	bend	bend	bend	bend	jack	walk
moonwalk	bend	bend	bend	bend	bend	bend	jack	walk
occluded by a pole	bend	bend	bend	bend	bend	bend	jack	walk
walk with knees up	side	side	side	side	side	bend	jack	walk
swinging a bag	bend	bend	bend	bend	bend	bend	jack	walk
walking with a dog	bend	bend	bend	bend	bend	bend	jack	walk

注:行走(walk)、弯腰(bend)、侧身(side)、抬起(jack)。

本章进一步与该鲁棒性测试数据集上现有其他算法[29,43,70]进行比较分析,表 7-2 给出了对比结果。

表 7-2 Weizmann 鲁棒性测试集上现有算法的对比结果

测试序列	Bregonzio[43]	Wang[70]	Blank[29]	SR
normal walk	walk	walk	walk	walk
walking in a skirt	walk	walk	walk	walk
carrying briefcase	walk	walk	walk	walk
limp walk	walk	walk	walk	walk
occluded feet	walk	walk	walk	walk
moonwalk	walk	jump	walk	walk
occluded by a pole	walk	walk	walk	walk
walk with knees up	walk	walk	walk	walk
swinging a bag	walk	walk	walk	walk
walking with a dog	skip	run	walk	walk

注:行走(walk)、跳走(jump)、单脚跳(skip)、跑步(run)。

Wang 对视频的侧影序列采用局部保持映射(Locality Preserving Projections,LPP)进行降维,采用 Hausdorff 距离作为相似性度量方法,

最后采用 NN 进行分类[70]。

Blank 基于时空体的表示,利用 Poisson 方程解的性质提取提取时空特征(如时空突性、形状结构和方向),然后使用 NN 进行分类[29]。

Bregonzio 利用多尺度时间窗内的兴趣点计算了 8 个特征:兴趣点分布的高度和宽度、速度、分布密度、两个窗口的重叠数、目标区域的中心到点分布窗口的中心的水平距离和垂直距离以及他们之间的高、宽比值;用来捕捉兴趣点窗口的密度、速度、形状、相对性状和位置信息。然后对这些特征进行特征选择和排序,连接为最后的特征表示;然后使用 NN 和 SVM 进行分类[43]。

从实验结果可以看出,本书的算法超过了 Wang 和 Bregonzio 的鲁棒的人体动作分类方法[70],与 Blank 方法[29]一样,获得了全部的正确识别。Blank 是在进行了各种特征提取的情况下采用 NN 得到全部正确的识别结果,而本书则是仅仅使用简单的侧影特征,利用扩展的 NN 分类器(基于稀疏表示的分类方法)得到所有正确的识别,这表明了本书的分类算法对噪声、部分遮挡、干扰具有很好的鲁棒性。

7.6 本章小结

本章主要研究了复杂场景下鲁棒的人体动作分类方法,针对现有分类方法很容易受到噪声、遮挡和干扰影响的问题,以及 K-NN 分类算法对近邻数 K 值很敏感和不能自适应地选择最合适的 K 值的问题,提出了一种基于稀疏表示的动作分类方法。该方法首先对要识别的人体动作寻求其稀疏表示,然后基于压缩传感理论中的重构算法(最小化 l_1 算法)求解其最稀疏的表示,根据所得的稀疏解直接进行分类。在该方法中,测试样本的近邻数能通过最小化 l_1 算法自适应地确定,因而避免了 K-NN 中对参数 K 值的敏感性,而且还能获得最紧致且具有判别性的表示,提高人体动作的分类性能。另外,通过扩展稀疏表示的求解方程包含一个错误项,能在分类的同时还能处理噪声、部分遮挡、干扰的影响。最后在 Weizmann 数据集上验证了该方法的有效性,基于稀疏表示的动作分类方法比 K-NN 分类方法获得了更高的识别率,而且进一步在鲁棒性测试序列上验证了该方法对部分遮挡、变形等干扰因素的鲁棒性。实验结果表明,该方法能有效地对部分信息丢失的数据进行分类,并且同时能处理噪声、干扰、部分遮挡的情况。

参 考 文 献

[1] Alejandro J,Daniel G P,Nicu S. Human-centered computing：toward a human revolution［J］. Computer,2007,40(5)：30-34.

[2] Weinland Daniel. Action representation and recognition［D］. Institut National Polytechnique De Grenoble：Ph. D Thesis. 2008.

[3] Jie L,Caputo B,Ferrari V. Who's doing what：joint modeling of names and verbs for simultaneous face and pose annotation［C］. In Proceedings of the Twenty-Third Annual Conference on Neural Information Processing Systems(NIPS). Vancouver：MIT Press,2009.

[4] 王兆其,张勇东,夏时洪.体育训练三维人体运动模拟与视频分析系统［J］.计算机研究与发展,2005,42(2):344-352.

[5] Sony Eyetoy［EB/OL］. http：//www. eyetoy. com.

[6] Nintendo Wii［EB/OL］. http：//www. wii. com.

[7] Project Natal［EB/OL］. http：//www. xbox. com/en-US/live/projectnatal/.

[8] Gavrila D M. The visual analysis of human movement：a survey ［J］. Computer Vision and Image Understanding(CVIU),1999,73(1)：82-98.

[9] Aggarwal J K,Cai Q. Human motion analysis：a review［J］. Computer Vision and Image Understanding(CVIU),1999,73(3)：428-440.

[10] 王亮,胡卫明,谭铁牛.人运动的视觉分析综述［J］.计算机学报,2002,25(3):225-237.

[11] Moeslund T B,Granum E. A survey of computer vision-based human motion capture［J］. Computer Vision and Image Understanding (CVIU),2001,81(3)：231-268.

[12] Moeslund T B,Hilton A,Krüger V. A survey of advances in vision-based human motion capture and analysis［J］. Computer Vision and Image Understanding(CVIU),2006,104(2)：90-126.

[13] 杜友田,陈峰,徐文立,李永彬.基于视觉的人的运动识别综述［J］.电子学报,2007,35(1):84-90.

［14］ Poppe Ronald. A survey on vision-based human action recognition［J］. Image and Vision Computing,2010,28（6）：976-990.

［15］ Bobick Aaron F,Davis James W. The recognition of human movement using temporal templates［J］. IEEE Transactions on Pattern Analysis and Machine Intelligence（PAMI）,2001,23（3）：257-267.

［16］ Wang Ying,Huang Kaiqi,Tan Tieniu. Human activity recognition based on rtransforms［C］. In Proceedings of the Workshop on Visual Surveillance（VS）at the Conference on Computer Vision and Pattern Recognition（CVPR'07）. Minneapolis,IEEE Computer Society,2007：1-8.

［17］ Souvenir Richard and Babbs Justin. Learning the viewpoint manifold for action recognition［C］. In Proceedings of the Conference on Computer Vision and Pattern Recognition（CVPR'08）. Anchorage,IEEE Computer Society,2008：1-7.

［18］黄飞跃,徐光祐.视角无关的动作识别［J］.软件学报,2008,19（7）:1623-1634.

［19］ Wang Liang,Suter David. Informative shape representations for human action recognition［C］. In Proceedings of the International Conference on Pattern Recognition（ICPR'06）. Hong Kong,IEEE Computer Society,2006：1266-1269.

［20］杨跃东,郝爱民,褚庆军,赵沁平,王莉莉.基于动作图的视角无关动作识别［J］.软件学报,2009,20（10）:2679-2691.

［21］ Efros Alexei A,Berg Alexander C,Mori Greg,Malik Jitendra. Recognizing action at a distance［C］. IEEE International Conference on Computer Vision（ICCV'03）. Nice,IEEE Computer Society,2003：726-733.

［22］ Ali Saad,Shah Mubarak. Human action recognition in videos using kinematic features and multiple instance learning［J］. IEEE Transactions on Pattern Analysis and Machine Intelligence（PAMI）,2010,32（2）：288-303.

［23］ Kellokumpu Vili,Zhao Guoying,Matti Pietik ainen. Human activity recognition using a dynamic texture based method［C］. In Proceedings of the British Machine Vision Conference（BMVC'08）. Leeds,2008：885-894.

［24］ Thurau Christian,Hlaváč Václav. Pose primitive based human action recognition in videos or still images［C］. In Proceedings of the Conference on Computer Vision and Pattern Recognition（CVPR'08）. Anchorage,IEEE Computer Society,2008:1-6.

[25] Ragheb Hossein,Velastin Sergio,Remagnino Paolo,Tim Ellis. Human action recognition using robust power spectrum features[C]. In Proceedings of the International Conference on Image Processing (ICIP'08). San Diego, IEEE,2008:753-756.

[26] Tran Du,Sorokin Alexander,Forsyth David A. Human activity recognition with metric learning[C]. In Proceedings of the European Conference on Computer Vision (ECCV'08). Marseille,Lecture Notes in Computer Science,2008:548-561.

[27] İkizler Nazlı,Cinbis Ramazan G,Duygulu Pınar. Human action recognition with line and flow histograms[C]. In Proceedings of the International Conference on Pattern Recognition (ICPR'08). Tampa, IEEE, 2008:1-4.

[28] Weinland Daniel,Ronfard Remi,Boyer Edmond. Free viewpoint action recognition using motion history volumes[J]. Computer Vision and Image Understanding (CVIU),2006,104(2-3):249-257.

[29] Gorelick Lena,Blank Moshe,Shechtman Eli,Irani Michal,Basri Ronen. Actions as space-time shapes[J]. IEEE Transactions on Pattern Analysis and Machine Intelligence (PAMI),2007,29(12):2247-2253.

[30] Batra Dhruv, Chen Tsuhan, Sukthankar Rahul. Space-time shapelets for action recognition[C]. In Proceedings of the Workshop on Motion and Video Computing (WMVC'08). Copper Mountain,2008:1-6.

[31] Yilmaz Alper,Shah Mubarak. A differential geometric approach to representing the human actions[J]. Computer Vision and Image Understanding (CVIU),2008,119(3):335-351.

[32] Yan Pingkun,Khan Saad M,Shah Mubarak. Learning 4D action feature models for arbitrary view action recognition[C]. In Proceedings of the Conference on Computer Vision and Pattern Recognition (CVPR'08). Anchorage,IEEE Computer Society,2008:1-7.

[33] Jiang Hao,Martin David R. Finding actions using shape flows [C]. In Proceedings of the European Conference on Computer Vision (ECCV'08). Marseille, Lecture Notes in Computer Science, Springer, 2008:278-292.

[34] Ke Yan, Sukthankar Rahul, Hebert Martial. Efficient visual event detection using volumetric features[C]. IEEE International Confer-

ence On Computer Vision (ICCV'05). Beijing, IEEE Computer Society, 2005: 166-173.

[35] Ke Yan, Sukthankar Rahul, Hebert Martial. Spatio – temporal shape and flow correlation for action recognition[C]. In Proceedings of the Workshop on Visual Surveillance (VS) at the Conference on Computer Vision and Pattern Recognition (CVPR'07). Minneapolis, IEEE Computer Society, 2007: 1-8.

[36] Laptev Ivan, Lindeberg Tony. Space – time interest points[C]. IEEE International Conference on Computer Vision (ICCV'03). Nice, IEEE Computer Society, 2003: 432-439.

[37] Dollar Piotr, Rabaud Vincent, Cottrell Garrison, Belongie Serge. Behavior recognition via sparse spatio – temporal features[C]. In Proceedings of the International Workshop on Visual Surveillance and Performance Evaluation of Tracking and Surveillance (VS – PETS'05). Beijing, 2005: 65-72.

[38] Willems Geert, Tuytelaars Tinne, Gool Luc J. An efficient dense and scale – invariant spatio – temporal interest point detector[C]. In Proceedings of the European Conference on Computer Vision (ECCV'08). Marseille, Lecture Notes in Computer Science, Springer, 2008: 650-663.

[39] Oikonomopoulos Antonios, Patras Ioannis, Pantic Maja. Spatio-temporal salient points for visual recognition of human actions[J]. IEEE Transactions on Systems, Man, And Cybernetics (SMC) – Part B: Cybernetics, 2006, 36(3): 710-719.

[40] Wang Heng, Ullah Muhammad Muneeb, Klaser Alexander, Laptev Ivan, Cordelia Schmid. Evaluation of local spatio – temporal features for action recognition. In Proceedings of the British Machine Vision Conference (BMVC'09). London, 2009.

[41] Rapantzikos Konstantinos, Avrithis Yannis, Kollias Stefanos. Dense saliency – based spatiotemporal feature points for action recognition [C]. In Proceedings of the Conference on Computer Vision and Pattern Recognition (CVPR'09). Miami, IEEE, 2009: 1-8.

[42] Wong Shu – Fai, Cipolla Roberto. Extracting spatiotemporal interest points using global information[C]. IEEE International Conference On Computer Vision (ICCV'07). Rio de Janeiro, IEEE, 2007: 1-8.

[43] Bregonzio Matteo, Gong Shaogang, Xiang Tao. Recognising ac-

tion as clouds of space—time interest points[C]. In Proceedings of the Conference on Computer Vision and Pattern Recognition (CVPR'09). Miami, IEEE,2009: 1–8.

[44] Schüldt Christian,Laptev Ivan,Caputo Barbara. Recognizing human actions: A local SVM approach[C]. In Proceedings of the International Conference on Pattern Recognition (ICPR'04). Cambridge, IEEE Computer Society,2004: 32–36.

[45] Niebles Juan Carlos, Wang Hongcheng, Li Fei–Fei. Unsupervised learning of human action categories using spatial—temporal words[J]. International Journal of Computer Vision (IJCV),2008,79(3): 299–318.

[46] Laptev Ivan, lek Marcin Marsza, Schmid Cordelia, Rozenfeld Benjamin. Learning realistic human actions from movies[C]. In Proceedings of the Conference on Computer Vision and Pattern Recognition (CVPR'08). Anchorage,IEEE Computer Society,2008: 1–8.

[47] Kläser Alexander, lek Marcin Marsza, Schmid Cordelia. A spatio—temporal descriptor based on 3d–gradients[C]. In Proceedings of the British Machine Vision Conference (BMVC'08). Leeds, 2008: 995–1004.

[48] Scovanner Paul, Ali Saad, Shah Mubarak. A 3–dimensional SIFT descriptor and its application to action recognition[C]. In Proceedings of the International Conference on Multimedia. Augsburg,ACM,2007: 357–360.

[49] Lazebnik S,Schmid C,Ponce J. Beyond bags of features: spatial pyramid matching for recognizing natural scene categories[C]. IEEE Conference on Computer Vision and Pattern Recognition. Los Alamitos,IEEE Computer Society,2006,2169–2178.

[50] Choi Jaesik,Jeon Won J,Lee Sang–Chul. Spatio—temporal pyramid matching for sports videos[C]. ACM International Conference on Multimedia Information Retrieval. New York: ACM Press,2008: 291–297.

[51] Liu Jingen, Ali Saad, and Shah Mubarak. Recognizing human actions using multiple features[C]. In Proceedings of the Conference on Computer Vision and Pattern Recognition (CVPR'08). Anchorage,IEEE Computer Society,2008: 1–8.

[52] Kim Tae–Kyun,Cipolla Roberto. Canonical correlation analysis of video volume tensors for action categorization and detection[J]. IEEE

Transactions on Pattern Analysis and Machine Intelligence (PAMI), 2009, 31(8): 1415-1428.

[53] Savarese Silvio, DelPozo Andrey, Niebles Juan Carlos, Li Fei-Fei. Spatial – temporal correlatons for unsupervised action classification [C]. IEEE Workshop on Motion and Video Computing (WACV'08). Copper Mountain, IEEE Computer Society, 2008: 1-8.

[54] Sun Ju, Wu Xiao, Yan Shuicheng, Cheong Loong – Fah, Chua Tat–Seng, Li Jintao. Hierarchical spatio-temporal context modeling for action recognition[C]. In Proceedings of the Conference on Computer Vision and Pattern Recognition (CVPR'09). Miami 2009

[55] Messing Ross, Pal Chris, Kautz Henry. Activity recognition using the velocity histories of tracked keypoints[C]. IEEE International Conference on Computer Vision (ICCV'09). Kyoto, IEEE Computer Society Press, 2009: 1-8.

[56] Oikonomopoulos Antonios, Pantic Maja, Patras Ioannis. Sparse B–spline polynomial descriptors for human activity recognition[J]. Image and Vision Computing, 2009, 27(12).

[57] Niebles Juan Carlos, Li Fei–Fei. A hierarchical model of shape and appearance for human action classification. In Proceedings of the Conference on Computer Vision and Pattern Recognition (CVPR'07). Minneapolis, IEEE Computer Society, 2007.

[58] Wong Shu–Fai, Kim Tae–Kyun, Cipolla Roberto. Learning motion categories using both semantic and structural information[C]. In Proceedings of the Conference on Computer Vision and Pattern Recognition (CVPR'07). Minneapolis, IEEE Computer Society, 2007.

[59] Wang Yang, Mori Greg. Human action recognition by semilatent topic models[J]. IEEE Transactions on Pattern Analysis and Machine Intelligence (PAMI), 2009, 31(10): 1762-1774.

[60] Wang Yang, Mori Greg. Max–margin hidden conditional random fields for human action recognition[C]. In Proceedings of the Conference on Computer Vision and Pattern Recognition (CVPR'09). Miami, 2009: 872-879.

[61] Mikolajczyk Krystian, Uemura Hirofumi. Action recognition with motion appearance vocabulary forest[C]. In Proceedings of the Conference on Computer Vision and Pattern Recognition (CVPR'08). Anchorage,

IEEE Computer Society, 2008: 1-8.

[62] Gilbert Andrew, Illingworth John, Bowden Richard. Scale invariant action recognition using compound features mined from dense spatio-temporal corners[C]. In Proceedings of the European Conference on Computer Vision (ECCV'08). Marseille, part 1, number 5302 in Lecture Notes in Computer Science, 2008: 222-233.

[63] Liu Jingen, Luo Jiebo, Shah Mubarak. Recognizing realistic actions from videos "in the wild"[C]. In Proceedings of the Conference on Computer Vision and Pattern Recognition (CVPR'09). Miami, IEEE, 2009: 1996-2003.

[64] Roweis S, Saul L. Nonlinear dimensionality reduction by locally linear embedding. Sciene, 2000, 290(5500): 2323-2326.

[65] Tenenbaum J B, Silva V de, Langford J C. A global geometric framework for nonlinear dimensionality reduction. Science, 2000, 290(5500): 2319-2323.

[66] Belkin M, Niyogi P. Laplacian eigenmaps for dimensionality reduction and data representation[J]. Neural Computation, 2003, 15(6): 1373-1396.

[67] Poppe Ronald, Poel Mannes. Discriminative human action recognition using pairwise CSP classifiers[C]. In Proceedings of the International Conference on Automatic Face and Gesture Recognition (FGR'08). Amsterdam, 2008.

[68] Jia Kui, Yeung Dit-Yan. Human action recognition using local spatio-temporal discriminant embedding[C]. In Proceedings of the Conference on Computer Vision and Pattern Recognition (CVPR'08). Anchorage, IEEE Computer Society, 2008: 1-8.

[69] Yao Benjamin, Zhu Song-Chun. Learning deformable action templates from cluttered videos[C]. IEEE International Conference on Computer Vision (ICCV'09). Kyoto, IEEE Computer Society Press, 2009: 1-8.

[70] Wang Liang, Suter David. Learning and matching of dynamic shape manifolds for human action recognition[J]. IEEE Transactions On Image Processing (TIP), 2007, 16(6): 1646-1661.

[71] Turaga P, Veeraraghavan A, Chellappa R. Unsupervised view and rate invariant clustering of video sequences[J]. Computer Vision and

Image Understanding (CVIU), 2009, 113(3): 353-371.

[72] Yamato Junji, Ohya Jun, and Ishii Kenichiro. Recognizing human action in time-sequential images using hidden Markov model[C]. In Proceedings of the Conference on Computer Vision and Pattern Recognition (CVPR'92). Champaign, IEEE Computer Society, 1992: 379-385.

[73] Feng Xiaolin, Perona Pietro. Human action recognition by sequence of movelet codewords[C]. In Proceedings of the International Symposium on 3D Data Processing, Visualization, and Transmission (3DPVT'02). Padova, IEEE Computer Society, 2002: 717-723.

[74] Weinland Daniel, Boyer Edmond, Ronfard Remi. Action recognition from arbitrary views using 3D exemplars[C]. IEEE International Conference On Computer Vision (ICCV'07). Rio de Janeiro, IEEE, 2007: 1-7.

[75] Lv Fengjun, Nevatia Ram. Single view human action recognition using key pose matching and Viterbi path searching[C]. In Proceedings of the Conference on Computer Vision and Pattern Recognition (CVPR'07). Minneapolis, IEEE Computer Society, 2007: 1-8.

[76] Ahmad Mohiuddin, Lee Seong-Whan. Human action recognition using shape and CLG-motion flow from multi-view image sequences[J]. Pattern Recognition, 2008, 41(7): 2237-2252.

[77] Lu Wei-Lwun, Little James J. Simultaneous tracking and action recognition using the PCA-HOG descriptor[C]. In Proceedings of the Canadian Conference on Computer and Robot Vision (CRV'06). Quebec City, IEEE Computer Society, 2006: 6 - 6.

[78] Ikizler Nazlı, Forsyth David A. Searching for complex human activities with no visual examples[J]. International Journal of Computer Vision (IJCV), 2008, 30(3): 337-357.

[79] Lv Fengjun, Nevatia Ram. Recognition and segmentation of 3-D human action using HMM and multi-class adaBoost[C]. In Proceedings of the European Conference on Computer Vision(ECCV'06). Graz, volume 4, number 3953 in Lecture Notes in Computer Science, 2006: 359-372.

[80] Brand M, Oliver N, Pentland A. Coupled hidden markov models for complex action recognition. Proceedings of the Conference on Computer Vision and Pattern Recognition (CVPR'97) [C]. Washington, DC, IEEE Computer Society Press, 1997: 994-999.

［81］Nguyen N T,Phung D Q,Venkatesh S,Bui H. Learning and detecting activities from movement trajectories using the hierachical hidden Markov model［C］. In Proceedings of the Conference on Computer Vision and Pattern Recognition（CVPR'05）. San Diego,IEEE Computer Society Press,2005:955-960.

［82］Duong T V,Bui H H,Phung D Q,Venkatesh S. Activity recognition and abnormality detection with the switching hidden semi-Markov model［C］. In Proceedings of the Conference on Computer Vision and Pattern Recognition（CVPR'05）. San Diego,IEEE Computer Society Press, 2005:838-845.

［83］Sminchisescu Cristian,Kanaujia Atul,Metaxas Dimitris N. Conditional models for contextual human motion recognition［J］. Computer Vision and Image Understanding（CVIU）,2006,104(2-3):210-220.

［84］Wang Liang,Suter David. Recognizing human activities from silhouettes:Motion subspace and factorial discriminative graphical model ［C］. In Proceedings of the Conference on Computer Vision and Pattern Recognition （CVPR'07）. Minneapolis, IEEE Computer Society, 2007:1-8.

［85］Zhang Jianguo,Gong Shaogang. Action categorization with modied hidden conditional random field［J］. Pattern Recognition,2010,43(1): 197-203.

［86］Natarajan Pradeep,Nevatia Ram. View and scale invariant action recognition using multiview shape-flow models［C］. In Proceedings of the Conference on Computer Vision and Pattern Recognition（CVPR'08）. Anchorage,IEEE Computer Society,2008:1-8.

［87］Shi Qinfeng,Wang Li,Cheng Li,Smola Alex. Discriminative human action segmentation and recognition using semi-Markov model［C］. In Proceedings of the Conference on Computer Vision and Pattern Recognition （CVPR'08）. Anchorage,IEEE Computer Society,2008:1-8.

［88］Shumway R,Stoffer D. An approach to time series smoothing and forecasting using the EM algorithm［J］. Journal of Time Series Analysis,1982,3(4):253-264.

［89］Overschee P van,Moor B D. Subspace identification for linear systems:theory,implementation,applications［M］. Dordrecht:Kluwer Academic Publishers,1996.

[90] Doretto G, Chiuso A, Wu Y N, S. Soatto. Dynamic textures[J]. International Journal of Computer Vision, 2003, 51(2): 91-109.

[91] Cock K D, Moor B D. Subspace angles between arma models [J]. Systems and Control Letters, 2002, 46: 265-270.

[92] Bissacco A, Chiuso A, Y Ma, Soatto S. Recognition of human gaits[C]. In Proceedings of the Conference on Computer Vision and Pattern Recognition (CVPR'01). Kauai, IEEE Computer Society, 2001, 2: 52-58.

[93] Bissacco Alessandro, Soatto Stefano. Hybrid dynamical models of human motion for the recognition of human gaits[J]. International Journal of Computer Vision (IJCV), 2009, 85(1): 101-114.

[94] Woolfe F, Fitzgibbon A. Shift-invariant dynamic texture recognition[C]. In Proceedings of European Conference on Computer Vision (ECCV). Graz, Part II. Lecture Notes in Computer Science 3952, 2006: 549-562.

[95] Ravichandran Avinash, Chaudhry Rizwan, Vidal René. View-invariant dynamic texture recognition using a bag of dynamical systems [C]. In Proceedings of the Conference on Computer Vision and Pattern Recognition (CVPR'09). Miami, ,2009: 1651-1657.

[96] Chaudhry Rizwan, Ravichandran Avinash, Hager Gregory, Vidal René. Histograms of oriented optical flow and binet-cauchy kernels on nonlinear dynamical systems for the recognition of human actions[C]. In Proceedings of the Conference on Computer Vision and Pattern Recognition (CVPR'09). Miami, IEEE, 2009: 1932-1939.

[97] Shabani Hossein, Clausi David A, Zelek John S. Towards A robust spatio-temporal interest point detection for human action recognition [C]. In Proceedings of the Conference on Computer and Robot Vision. Kelowna, IEEE Computer Society, 2009: 237-243.

[98] Perona Pietro, Malik Jitendra. Scale-space and edge detection using anisotropic diffusion[J]. IEEE Transactions on Pattern Analysis and Machine Intelligent, 1990, 12(7): 629-639.

[99] Hummel A. Representations based on zero-crossings in scale-space[C]. IEEE Computer Vision and Pattern Recognition. Los Altos, Morgan Kaufmann: IEEE Computer Society, 1986: 204-209.

[100] Weickert J. Anisotropic diffusion in image processing. Teub-

ner,Stuttgart,1998.

［101］江爱文,刘长红,王明文. 基于前-后向光流点匹配运动熵的视频抖动检测算法［J］. 计算机应用,2013,33(10):2918-2021.

［102］欧阳伟. 基于图像分析的监控视频图像异常诊断系统的研究与实现［D］. 武汉:华中师范大学,2012.

［103］徐理东,林行刚. 视频抖动矫正中全局运动参数的估计［J］. 清华大学学报(自然科学版),2007,47(1):92-95.

［104］北京文安科技发展有限公司. 一种视频质量诊断系统及其实现方法. ［P/OL］. ［2011-09-07］. http://www. soopat. com/Patent/201110053434.

［105］彭艺,叶齐祥,黄钧,等. 一种内容完整的视频稳定算法［J］. 中国图象图形学报,2010,15(9):1384-1390.

［106］Winn J,Criminisi A,Minka T. Object categorization by learned universal visual dictionary［C］. IEEE International Conference on Computer Vision(ICCV'05). Beijing,IEEE Computer Society,2005:1800-1807.

［107］Hsu W H,Chang S. Visual cue cluster construction via information bottleneck principle and kernel density estimation［C］. In Proceedings of the Conference on Image and Video Retrieval(CIVR). Singapore:Lecture Notes in Computer Science 3568,2005:82-91.

［108］Moosmann F,Triggs B,Jurie F. Fast discriminative visual codebooks using Randomized Clustering Forests［C］. In Proceedings of the Twentieth Annual Conference on Neural Information Processing Systems(NIPS). Vancouver,MIT Press,2006:985-992.

［109］Fulkerson B,Vedaldi A,Soatto S. Localizing objects with smart dictionaries［C］. In Proceedings of European Conference on Computer Vision(ECCV). Marseille,Part I. Lecture Notes in Computer Science 5302,2008:179-192.

［110］Yang L,Jin R,Sukthankar R,Jurie F. Unifying discriminative visual codebook generation with classifier training for object category recognition［C］. In Proceedings of the Conference on Computer Vision and Pattern Recognition(CVPR'08). Anchorage,IEEE Computer Society,2008.

［111］Bosch A,Zisserman A,Munoz X. Scene classification via pLSA［C］. In Proceedings of European Conference on Computer Vision(ECCV). Graz,Austria:Part IV. Lecture Notes in Computer Science 3954,2006:517-530.

［112］Li Fei-Fei,Perona P. A Bayesian hierarchical model for learning natural scene categories[C]. In Proceedings of the Conference on Computer Vision and Pattern Recognition (CVPR'05). San Diego, IEEE Computer Society Press, 2005 : 524-531.

[113] Yang J, Yu K, Gong Y, Huang T. Linear spatial pyramid matching using sparse coding for image classification[C]. In Proceedings of the Conference on Computer Vision and Pattern Recognition (CVPR'09). Los Alamitos, IEEE Computer Society Press, 2009 : 1794-1801.

[114] Liu Jingen, Shah Mubarak. Learning human actions via information maximization. In Proceedings of the Conference on Computer Vision and Pattern Recognition(CVPR'08). Anchorage, IEEE Computer Society, 2008 : 1-6.

[115] Liu Jingen, Yang Yang, Shah Mubarak. Learning semantic visual vocabularies using diffusion distance[C]. In Proceedings of the Conference on Computer Vision and Pattern Recognition(CVPR'09). Los Alamitos, IEEE Computer Society Press, 2009 : 461-468.

[116] Olshausen B A, Field D J. Emergence of simple-cell receptive field properties by leaming a sparse code for natural images[J]. Nature, 1996, 381 : 607-609.

[117] Lee H, Battle A, Raina R, Ng A Y. Efficient sparse coding algorithms[C]. In Proceedings of the Twentieth Annual Conference on Neural Information Processing Systems (NIPS). Vancouver, MIT Press, 2006 : 801-808.

[118] Mairal Julien, Bach Francis. Supervised dictionary learning [C]. In Proceedings of the Twenty-Second Annual Conference on Neural Information Processing Systems (NIPS). Vancouver, MIT Press, 2008 : 1033-1040.

[119] Mairal Julien, Bach Francis, Ponce Jean, Sapiro Guillermo. Online learning for matrix factorization and sparse coding[J]. Journal of Machine Learning Research, 2010, 11 : 19-60.

[120] Donoho D. For most large underdetermined systems of linear equation the minimal l1-norm solution is also the sparsest solution[J]. Comm. on Pure and Applied Mathematics, 2006, 59(6) : 797-829.

[121] Riesenhuber M, Poggio T. Hierarchical models of object recognition in cortex[J]. Nature Neuroscience, 1999, 2(11) : 1019-1025.

[122] Hamker Fred H. Predictions of a model of spatial attention

using sum- and max-pooling functions[J]. Neurocomputing,2004,56C: 329-343.

[123] Serre T,Wolf L,Poggio T. Object recognition with features inspired by visual cortex[C]. In Proceedings of the Conference on Computer Vision and Pattern Recognition(CVPR'05). Los Alamitos,IEEE Computer Society Press,2005,2: 994-1000.

[124] Chang C-C,Lin C-J. LIBSVM: a library for support vector machines[CP]. http://www. csie. ntu. edu. tw/ ~ cjlin/libsvm/.

[125] Turaga Pavan,Chellappa Rama. Locally time-invariant models of human activities using trajectories on the grassmannian[C]. In Proceedings of the Conference on Computer Vision and Pattern Recognition (CVPR'09). Los Alamitos, IEEE Computer Society Press, 2009: 2435 -2441.

[126] Zelnik-Manor L,and Irani M. Event-based video analysis. In IEEE Conference on Computer Vision and Pattern Recognition,2001.

[127] Rao C,Yilmaz A,Shah M. View-invariant representation and recognition of actions[J]. International Journal of Computer Vision,2002, 50(2): 203-226.

[128] Yilmaz A,Shah M. Recognizing human actions in videos acquired by uncalibrated moving cameras[C]. IEEE International Conference On Computer Vision (ICCV'05). Beijing,IEEE Computer Society,2005: 150-157.

[129] Parameswaran V,Chellappa R. View invariance for human action recognition[J]. International Journal of Computer Vision,2006,66 (1): 83-101.

[130] Ogale A,Karapurkar A,Aloimonos Y. View-invariant modeling and recognition of human actions using grammars[C]. In Proceedings of Workshop on Dynamic Vision. Lecture Notes in Computer Science,2006: 115-126.

[131] Li R,Tian T,Sclaroff S. Simultaneous learning of nonlinear manifold and dynamical models for high-dimensional time series[C]. IEEE International Conference On Computer Vision (ICCV'07). Rio de Janeiro,2007.

[132] Vishwanathan S,Smola A,Vidal R. Binet-Cauchy kernels on dynamical systems and its application to the analysis of dynamic scenes

[J]. International Journal of Computer Vision,2007,73(1): 95-119.

[133] ChanA,Vasconcelos N. Probabilistic kernels for the classifi-cation of auto-regressive visual processes[C]. In Proceedings of the Con-ference on Computer Vision and Pattern Recognition (CVPR'05). San Die-go,IEEE Computer Society Press,2005: 846-851.

[134] Farhadi Ali,Tabriz Mostafa Kamali. Learning to recognize ac-tivities from the wrong view point[C]. In Proceedings of the European Conference on Computer Vision (ECCV'08). Marseille, part 1, number 5302 in Lecture Notes in Computer Science,2008: 154-166.

[135] Farhadi Ali,Tabriz Mostafa Kamali,Endres Ian,Forsyth David A. A latent model of discriminative aspect[C]. IEEE International Confer-ence on Computer Vision (ICCV'09). Kyoto, IEEE Computer Society Press,2009: 1-8.

[136] Junejo Imran N,Dexter Emilie, Laptev Ivan, Pérez Patrick. Cross-view action recognition from temporal self-similarities[C]. In Pro-ceedings of European Conference on Computer Vision(ECCV). Marseille, Part II. Lecture Notes in Computer Science 5303,2008:293-306.

[137] Rao S,Tron R,Vidal R,Ma Y. Motion segmentation via robust subspace separation in the presence of outlying,incomplete,and corrupted traj-ectories[C]. In Proceedings of the Conference on Computer Vision and Pattern Recognition (CVPR'08). Anchorage,IEEE Computer Society,2008.

[138] Mairal J,Sapiro G,Elad M. Learning multiscale sparse repre-sentations for image and video restoration[J]. SIAM Multiscale Modeling and Simulation,2008,7(1):214-241.

[139] Dikmen M,Huang T. Robust estimation of foreground in sur-veillance video by sparse error estimation[C]. International Conference on Image Processing. Tampa,2008: 1-4.

[140] Wright J,Yang A,Ganesh A,Shastry S,Ma Y. Robust face recognition via sparse representation[J]. IEEE Transactions on Pattern Analysis and Machine Intelligence(PAMI),2008,31(2): 210-227.

[141] 邓承志.图像稀疏表示理论及其应用研究[D].武汉:华中科技大学博士学位论文.2008.

[142] Yang Allen Y,Sastry S Shankar,Ganesh Arvind. Fast L1-min-imzation algorithms and an application in robust face recognition: a review [C]. Proceedings of the International Conference on Image Processing.

Hong Kong,IEEE,2010: 1849–1852.

[143] Figueiredo Mário A T,Nowak Robert D,Stephen J. Wright. Gradient projection for sparse reconstruction: Application to compressed sensing and other inverse problems[J]. IEEE Journal of Selected Topics in Signal Processing,2007,1(4): 586–597.

[144] Wright Stephen J,Nowak Robert D,Figueiredo Mário A T. Sparse reconstruction by separable approximation[J]. IEEE Transactions on Signal Processing,2009,57(7): 2479–2493.

[145] Beck Amir,Teboulle Marc. A fast iterative shrinkage–thresholding algorithm for linear inverse problems[J]. SIAM J. Imaging Sciences, 2009,2(1): 183–202.

[146] Yang Junfeng,Zhang Yin. Alternating direction algorithms for l_1–problems in compressive sensing[J]. SIAM Journal on Scientific Computing,2011,33(1):250–278.

名 词 索 引